臥房設計
500

漂亮家居編輯部 著

設計師不傳的
私房秘技

INDEX

圖片提供◎摩登雅舍室內設計

Contents

圖片提供◎尚展設計

Chapter 01
複合機能

001 坪數
更衣室至少需1～1.5坪

想保持空間的順暢且沒有壓迫的感覺，更衣室建議要留1～1.5坪的空間才夠用，配置的方式分為一字型、分隔式，一字型是臥房→更衣室→浴室位於一直線上，動線方便又迅速；分隔式主要是隔離浴室和更衣室，避免衣物可能會沾染到浴室的異味。平面圖提供◎馥閣設計

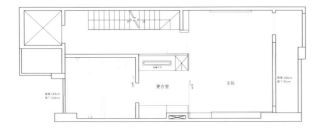

002 照明
色溫大約2800左右，
搭配洗壁燈、化妝鏡燈

臥房內的照明光線不宜太強，大約2800K為佳，再搭配局部照明，例如化妝鏡燈建議放在靠近自然光源的地方，並在前端以輔助照明的燈具補強，同時為了避免光線在鏡面產生不美觀與刺眼的現象，最好從鏡子左右兩側投射出來。另外像是書桌則是建議以漫射性光源為主，避免投射性光源產生過多陰影，造成視覺疲勞。圖片提供◎北鷗設計

臥房常見的複合機能包括閱讀、更衣間、梳妝檯、起居室等等，最重要的是不同機能整合時需要注意使用行為所需要的高度、尺寸，同時如果是看書、梳妝可以加強照明，若是希望臥榻可以坐臥休憩也至少需要有50公分的深度。

003 尺寸
臥榻深度至少50公分，
梳妝、閱讀桌高度75公分

臥房窗邊經常被規劃為臥榻，好處是除了可以坐、臥休憩，底部還可以一併結合收納的機能，但要注意的是，想要能舒適的坐臥深度至少需要50公分。如果希望配置梳妝檯，桌面通常與書桌一樣是設定在離地75公分左右，重點在於利用周遭空間規劃解決各類高矮化妝品的收納需求。圖片提供◎蟲點子設計

004 隔間
牆面櫃體整合、
善用畸零角落增加機能

相對公共廳區，臥房的坪數更加受限，但如果又希望能有效利用空間、增加機能，建議可利用隔間結合機能的設計，例如將臥房浴室隔間整合書櫃、或者是直接利用衣櫃滑門懸掛電視、床頭板結合書桌、梳妝桌等等，就能創造複合機能的使用價值。圖片提供◎馥閣設計

細節PLUS 電視牆上端利用半開放式格子窗的造型語彙向上延伸至天花板，避免空間過於壓迫，也更能展現出斜屋頂的獨特建築結構。

005

細節PLUS 臥房位於地下樓層，為了提升明亮度，床頭後方設計大幅度的跨距布幕，藉由布幕的垂墜線條及由下往上打的燈光設計，引導視覺拉高天花板的高度避免產生壓迫感。

006

設計PLUS 延續公共廳區的休閒北歐風格，臥房同樣採取純淨的白色調為主軸，配上淺色木皮的運用，散發舒適寧靜氛圍。

007

008

005 **童話格子框架劃設孩房機能** 坐落於自然田野景色之間的別墅住宅，小孩房擁有夢幻的斜屋頂結構，然而由於原本格局較為畸零，設計師利用半高電視牆為區隔，規劃出衣櫃、梳妝空間，並與浴室動線串聯，使用上更為流暢便利，同時以清新純白色調為主軸，悠閒、放鬆步調與環境更為契合。圖片提供◎法蘭德室內設計

006 **軟硬材質搭配呈現衝突美感** 由舊屋改造的空間，衛浴空間位於床舖正對的牆面後，左右以粗獷的玄武岩磚砌成，試圖與柔軟的布幕形成衝突的美感；臥房內包含一間起居室，兩者之間以三片旋轉門區隔，兼顧了臥房的造型及動線，ㄇ字型的半高床頭則提供睡眠時包覆性的安全感。圖片提供◎尚藝室內設計

007+008 **臥房也能運動健身、親子共讀** 18坪的老公寓進行格局重整，主臥房不但擁有更衣間、獨立衛浴，設計師甚至利用三角畸零空間、加上特意保留的天花板高度，利用鐵件噴漆規劃單槓，為男主人創造出居家健身房，床邊的坐榻區則是親子角落，低矮的書櫃讓小朋友能坐著聽媽媽說故事。圖片提供◎存果空間設計

Chapter 01 複合機能　7

009+010　一物多機能克服小坪數難題

將客廳的臥榻延伸至臥房，藉此讓空間有延伸連結效果，也能放大空間感，而功能則因空間的轉換，轉化成兼具化妝與書桌功能，為了節省空間，房門也以拉門結合電視牆做設計，材質與配色延伸至衣櫥，藉此一致性減少複雜元素維持俐落線條，淡化小空間的狹隘感受。圖片提供◎蟲點子設計

011　用電視牆劃設完整梳妝、更衣機能

這是一間屬於略長形的主臥格局，該如何化解空間縱深過大的問題，設計師利用電視牆面的設定，將梳妝、更衣機能妥善隱身於牆面後端，搭配左右兩側的灰玻璃材質運用，達到視覺穿透延伸的效果，既保有原本空間的開闊，又帶來豐富的生活機能。圖片提供◎法蘭德室內設計

012　貼心玄關設計提升寢臥隱私

整體空間特別以能安定心情的大地色系呈現，深褐色的牆面搭配木質更衣室及木地板，讓人一進到臥房立刻感受到身心壓力的釋放；規劃在臥房內的更衣室，縮短了移動路徑使收納更衣更為方便；以不同材質搭配創造不對稱的床頭牆面，利用造型立燈平衡視覺，打造簡約又不失現代感的臥房空間。圖片提供◎尚藝室內設計

013　以系統櫃作環繞式收納設計

房間對孩子來說就是城堡，涵括有多元面向與機能，而有如積木概念的系統櫃是不錯的設計選擇。在不大的房間裡，先設定出床位與書桌區，接著利用床周邊來滿足收納，特別是環繞式的收納櫃與床下抽屜櫃可讓收納力大大提升。圖片提供◎逸喬設計

設計PLUS 頂天衣櫥與拉門統一使用白色，減少量體壓迫感，只在其中一個門片改以黑玻做跳色，藉此創造視覺變化，也借其穿透感淡化櫃體沉重感受。

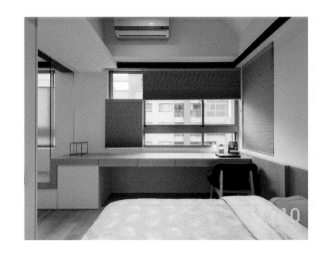

011

裝飾PLUS 電視牆以木地板作為拼貼，特別選用寬版尺寸，且顏色相近、木紋均勻的花色，呈現出簡約俐落的質感，與現代風格極為吻合。

012

裝飾PLUS 臥房規劃一處小玄關，作為進入臥房的緩衝區域，也增加睡眠空間隱私度，玄關左手邊貼心的設計了層板及收納櫃，配合屋主生活習慣的設計，更能感受臥房傳遞的溫度。

013

裝飾PLUS 平面且無五金把手的系統櫃相對安全，而白色空間結合櫥櫃的鵝黃色線條可營造朝氣精神，至於窗簾上花朵圖樣則點綴出活潑美感。

細節PLUS 不做滿的電視牆面讓空間更多了餘裕,牆的設計雖然極簡,卻能收納所有電線並多了旋轉機能,完全不浪費任何空間。

014

015

細節PLUS 地板與櫃子統一使用刷色橡木讓橫直面有了延續,沉穩調的原木色澤與窗外綠蔭相映成趣。

設計PLUS 更衣間百葉窗設計，可讓自然光更柔和地進入室內，而延續鋪設的木地板則讓空間有放大感。

014 **機能水泥牆聰明好設計** 十分寬廣的主臥空間中，設計師以220公分的水泥粉光電視牆將室內格局一分為二，米白色系木質床架和櫥櫃開啟了感性舒適的睡眠氛圍，水泥牆面另一端的灰、藍及白色組合強調了理性的閱讀環境，旋轉式電視一物兩用完全滿足家人需求。圖片提供◎浩室設計

015 **臥榻高低差創造無限機能** 房間主人雖還只是在學小男生，不過自小就有佛緣，平時喜歡閱讀與禪坐，設計師考量其生活上的需要，摒除了複雜的桌椅床傢具線條，以架高地面打造日式臥榻休息空間，窗邊平檯架高，運用臥榻高低差創造最完美的書桌與座位，同一空間中不同高度的平面創造了空間中的無限機能。圖片提供◎大湖森林室內設計

016+017 **雙動線讓生活更流暢**
主牆後方分別規劃為衛浴間與更衣間，設計師將對稱的美式風格床頭板與後方的機能空間結合設計，形成對稱優雅的雙動線空間。至於床邊則利用畸零區規劃梳化區，從浴室盥洗後即可坐下化妝、保養，形成流暢使用動線。圖片提供◎昱承設計

設計PLUS 臥房內架高的和室不僅是親子活動區,可陪伴幼兒成長,側邊地板亦可掀開兼具收納功能。

018

設計PLUS 拉門是以壓紋玻璃為主,穿透特性,當光穿入時仍可以有效維持通透的效果。

019

設計PLUS 櫃體主要是以系統櫃結合木作,藉由不同的形式、木皮運用創造變化,另外能有效控制預算。

020

021

022

018 **既舒眠又能陪伴孩童成長** 因為屋主個性浪漫，在新房的佈置風格以新古典為基調，床頭原是一整片落地窗，避免被窺探的感覺，以粉紅色緞面繃布遮蔽，兩側則施以雙層窗簾，拉開則能讓側面採光將陽光溢入。裝修時女主人已經懷孕，考慮到未來與小孩的互動需要空間，則在臥房內架高木地板打造和室，不僅是親子活動空間亦是放鬆的區域。圖片提供◎藝念集私空間設計

019 **一道拉門完美界定空間中各個屬性**臥房緊鄰衛浴空間，帶來使用上的便利，但為了讓各個小環境彼此獨立且有屬於自己的隱私性，設計者藉由一道拉門完美界定屬性，同時也在開闔之間再創空間的開闊性。圖片提供◎上陽設計

020 **機能牆面，臥房使用更多重** 將睡眠區的主牆打造成一個收納強大同時含有電視的櫃體，滿足置物、放鬆的需求。由於空間將大尺度的部分歸給主牆，其寬闊、開放感，也提升了視覺效果。圖片提供◎拾葉建築＋室內設計

021+022 **回字動線創造舒適的使用機能** 由於屋主在主臥部分想盡可能保留可活動空間，因此只用電視牆隔出開放式更衣室，回字型動線使得行走、使用都相當方便之餘，空間雖然清楚地被區隔，但也不會顯得過於壓迫或侷促。圖片提供◎TBDC台北基礎設計中心

細節PLUS 更衣室採用雙入口的動線設計，不僅出入順暢，也形成對稱的古典語彙，風格自然成形。

023

024

14

吊衣桿上方的溝槽規劃燈光照明，挑選衣服時更清楚，而沖孔板上的五金選用銅棒車床、吊櫃飾頭則訂製鍍玫瑰金，微小細節也呼應著精緻質感。

025

026

細節PLUS 床頭主牆選用灰色萊姆石作為牆面主題，裁切最大化的極簡鋪貼手法，讓屋主獲取寧靜、舒壓的氛圍，另一側則刷飾手工漆，運用不同質感的處理豐富空間表情與層次。

023+024 **擴大格局，納入視聽與收納空間** 由於是將近20多年的老屋，機能不敷使用，設計師藉此重整格局，將女兒房隔間向外擴大，獲得寬敞空間。同時電視牆與更衣室整合於同一平面，兼顧視聽與收納需求，也不佔據多餘空間，有效利用坪數。圖片提供◎摩登雅舍室內設計

025 **宛如精品陳列的微更衣間** 大多數女生還是期待著能擁有更衣間，但現實問題是坪數有限，在這個案例中，設計師透過機能整合、開放手法，讓梳妝／書桌串聯吊衣桿的設計，加上左側運用沖孔板提供隨手拿取、收納首飾配件，創造出有如精品陳列般的質感，可移動鏡面也適時給予遮擋、化解凌亂。圖片提供◎馥閣設計

026 **擴大衛浴納入書房讓主臥更完善** 對只有單身一人居住的屋主來說，原四房配置不但過多，主臥房也因浴室採光不足且空間太小，期待能獲得改善，於是設計師將衛浴移至角窗並增加屋主期許的泡澡、SPA功能，也重新釋放更大空間規劃主臥，一方面利用進入浴室前的動線規劃出衣櫃、書桌，同時以拉門做出區隔，賦予睡寢區安定的氛圍。圖片提供◎水相設計

027 完整機能展現尊爵別墅生活 在套房式空間中，藉由精緻線板與鵝黃牆色先確立了都會美式風格，再依序規劃臥床、窗邊觀景座區、櫥櫃牆及展示櫃等區域，至於最棒的採光面則留給衛浴區，讓主人可享受與大自然零距離的接觸。圖片提供◎昱承設計

028 善用格局條件創造獨立書房 房間因先天柱子與建築外窗的格局，形成向外凸出的畸零區，但經巧妙規劃後變成獨立書房。沿著L型採光窗設計了矮櫃與書桌，同時為調整此區過度明亮的問題，選擇深紫色風琴簾以安定氛圍，且可為大地色調房間創造焦點。圖片提供◎逸喬設計

029+030 金屬與木的月光絮語 除了睡臥之外，這裡同時結合了洗浴、梳妝區域，設計師不以門、牆切割空間，僅以仿古木材的半牆作出空間區隔，床頭背牆以深灰型塑無雜質的睡眠視野，懸吊式床頭櫃保留了更多空間，上方鍍鈦亂紋本色金屬板與仿古木相映成趣。圖片提供◎金湛空間設計

細節PLUS 依屋主習慣以高牆式櫥櫃取代更衣間，加上展示櫃設計，不僅收納量已足夠，空間顯得簡潔清爽，具有對稱美感。

027

細節PLUS 右牆面以鐵製層板嵌入牆內的工法來設計出專屬的公仔展示牆，讓生活空間洋溢著個人風格。

明日PLUS 單邊床頭離地8公分設計，帶來輕盈且時尚的感受，床頭一抹黃色光暈恰到好處讓兩種材質在此合而為一。

029

030

031+032 移動式展示櫃修飾床頭窗戶

寬闊的主臥房空間，唯一的缺點是床頭後方有窗，設計師巧妙運用拉門與展示櫃的修飾化解，位於前端的展示櫃除了是進入房門的視覺焦點，只要將展示櫃往旁邊一推，就能打開滑門露出原有窗戶，也讓採光透進房內，同時方便日常清潔。圖片提供◎馥閣設計

033 多功能書房隱藏雙人睡床

為了因應臨時來訪住宿的親友，設置一間可以靈活運用的多功能書房，除了基本的書桌椅及整面的大書櫃之外，另外巧妙的增加一張雙人床舖，當作客臥使用；高樓層位置加上大面開窗，使書房擁有相當好的採光條件，床頭花鳥圖騰壁紙和寢具則呼應戶外陽台的綠意。圖片提供◎尚展設計

034 裝飾兼遮光的雙用風格推窗

充足陽光是健康生活空間的重要元素，但對於擁有雙向採光的臥房而言又顯得過多了，因此，設計二扇活動推門，將床頭後方的採光窗做適度遮蔽，既可增加床頭安定感，同時裝飾線板的推門搭配壁紙主牆則展現道地美式風格。圖片提供◎昱承設計

035 木線條整合質感與機能

設計重點以主人需求為依據，除在窗邊配置床位，並以木質薄櫃創造窗台來增加置物空間，接著讓木線條向床頭、書桌延伸，展現設計美感。此外，放大的桌面搭配牆面雙色櫃設計，不僅可容納大量書物，櫃體本身就很有質感。圖片提供◎逸喬設計

031

032

設計PLUS 書房在牆面嵌入可收納的掀床,平常不用時可以不著痕跡隱藏在牆面中,而不會影響空間的使用機能。

設計PLUS 在側窗利用低樑空間規劃衣櫥與書桌區,聰明地將大樑問題虛化,坐在這兒念書也會更有專注力。

設計PLUS 櫻粉色的風琴簾可以上下移動為室內調光外,顯眼的色調為白色牆面注入柔美氣息,也為房間帶來溫暖感。

036

037

細節PLUS 設計師運用房內的大樑，將臥房內隱形隔出兩個空間。

為了滿足坐臥機能，臥榻設計140～150公分長，50～60公分寬，雙拼時才足夠作為床舖使用。

038

039

036 從牆面櫃體一路延伸出輕盈的書桌

這是間女孩房，為了提升其空間機能，設計者在牆面先做了一道收納牆，之後則延伸出書桌、吊櫃等機能，為了不破壞整體採光，刻意將書桌、吊櫃設計的相當輕盈。圖片提供◎拾葉建築＋室內設計

037 自然隔出複合空間

因為男屋主需要在房內有的可以工作、閒暇時可以上網、打電玩的空間，設計師將房內原本即外推的陽台空間做成小型的書房場域。為了不讓選用60×60公分的水泥地磚的臥房感覺過於冰冷，採用木材質天花溫暖空間氛圍，而別於其他人，將天花與地板材質互換的配置則讓人感受到巧妙趣味。圖片提供◎澄橙設計

038+039 創意十足的積木隔間

這是一處作為度假以及小孩課後使用的空間，由於空間較小僅有20坪，因此以家中小孩的需求為導向，跳脫制式固定格局的思考，採用移動式隔間，並搭配臥榻、層板的設計，不僅可作為書房，也可雙拼形成床舖，宛若積木般隨興拼組、趣味十足。圖片提供◎懷特室內設計

040+041　過長動線轉化為便利梳化區
在通往浴室的動線上，利用空間不大不小的尷尬過度區配置桌椅與櫃體，為床邊增加一化妝區與更多收納機能。另外，設計師特別在化妝區外設置有拉門，睡覺休息時可關上門後讓整體視覺更見清爽、有質感。圖片提供◎昱承設計

042　用光活絡木與石的開放對談
臥房面積寬敞對於收納也無大量需求，故捨棄贅飾僅利用白榆木皮做立面鋪陳，營造出飯店休閒感。此外，敲除建商附設浴缸，將淋浴間與馬桶間整合成悠閒動線，並利用藍木紋石地坪統籌整個盥洗區，藉由質材差異切割出區域分野。圖片提供◎鼎睿設計

043　工作與休息的完美結晶
鋪陳睡眠的寧靜溫柔質感，設計師首先以素雅的落地雙層窗簾杜絕光線干擾，對照床的天花與地面，以散發溫潤光輝的間接照明，巧妙營造屬於睡臥的語彙，特別的是落地窗的另一頭結合辦公閱讀功能，截然不同的氛圍卻能互不打擾，如此和諧。圖片提供◎懷生國際設計

綴飾PLUS 梳化區的規劃除了可增加機能，同時也是配合天花板大樑以及床頭柱體，讓臥房門口區的低樑與柱子問題同時獲得改善。

右後方的弧形窗原是浴缸所在，且床頭左側原本亦有一道更衣間的牆，拆除之後不但整齊了臥房格局，同時也放大了空間氣勢。

床架尾端微微上翹並增加燈光，產生「飄浮」的幻視效果，不僅別出心裁，更強化了睡寢區的空間定義。

044+045　演繹一室時尚藝術情調

如果説每扇窗景都是一幅畫作，那麼設計師將牆面和窗框做成了巨幅畫框的創意，則合情合理！此案窗外是建築師伊東豊雄的美聲涵洞台中歌劇院，整片落地窗以深湖藍色為基底，隨時都能與藝術共舞。圖片提供◎大湖森林室內設計

046　立體配置增加小孩房機能

小孩房因空間不大，但又需要有臥床、書桌、遊戲區及收納等多重機能，因此，先將右側動線空間兼作遊戲區，而另一側則以立體設計，上方作為床舖，床下則為玩具收納區，而窗邊還可配置書桌，搭配粉嫩壁紙讓氛圍更甜美。圖片提供◎昱承設計

047　善用天花樑形成更衣室過道

屋主喜歡帶點浪漫精緻的空間感，因此採用柔和的粉紫色調營造空間氛圍，並在燈飾等裝飾細節以溫潤的霧金色搭配，不但提升臥房的質感，與床尾面對的寬闊落地窗景，形成一間愜意舒適的休憩場域。圖片提供◎尚展設計

細節PLUS 床腳延伸出去的，是以稀有月光石打造的半腰牆面，半切割出梳妝洗浴區，梧桐木手工拼接的單側櫃門裡則暗藏了小型更衣室。

044

045

收納PLUS 連結上舖的樓梯其實不單純只是上樓動線，設計師將階梯改用各尺寸的櫃體組合為漸層向上的梯形，可增加更多收納空間。

收納PLUS 由於主臥天花有一支無法避開的天花樑，因此就藉由天花樑的位置設計床頭，同時形成一條作為更衣間及衛浴的區隔廊道。

更新PLUS 由於女兒房有大開窗的優勢，沿窗緣設計窗台，右側窗台放置軟墊形成舒適閱讀的角落，左邊則以平臺形式保留放置書本的彈性。

048+049　雙邊臥榻提升臥房休閒感及收納　原本舊屋依照天花樑劃房成兩間小臥房，在重新改造後，移除牆面打通成一間寬敞舒適的女兒房，並增加許多實用的書本及衣物收納設計；白色為基底的空間，在更衣室牆面大膽採用色調豐富的手繪圖騰壁紙，同時帶出女兒活發開朗的個性。圖片提供◎尚展設計

050　內藏貼心機能的更衣間　在床邊規劃獨立更衣間，平日可以關上白色拉門，不僅視覺簡潔，拉門上半段以霧玻璃材質，可營造如窗戶般的減壓感；此外，在更衣間內貼心地設置一面可移式全身穿衣鏡，使用上相當方便，不用時則可移至旁邊。圖片提供◎昱承設計

051　動靜皆宜的男孩王國　房間主人還只是個小學男生，設計師以半腰石磚牆將空間一分為二，一邊靜態、一邊則是自由玩樂的動態，床面架高大大延伸了臥榻範圍，可以在這裡任意玩耍翻滾，半腰石牆其實是長形書桌，連結了直立高櫃，一橫一直間給足了孩子學習成長的空間。圖片提供◎大湖森林室內設計

048

049

設計PLUS 更衣室採拉門設計，門框則配合牆面與天花板的線板及踢腳板等座拱門造型設計，讓更衣室也成為風格裝飾的設計語彙之一。

050

05

設計PLUS 倚靠明亮窗邊，在這片臥榻上可讓孩子數著星星入眠，木、石與藍天（牆面）組合，與天、地、山水的自然景象不謀而合。

設計PLUS 量身訂製的白色休閒床架，床尾特別延伸設計了桌面與可升降的電視，增加更多生活機能。

設計PLUS 主臥房保留既有的弧形陽台，並鋪設南方松木地板，呼應北歐人訴求的自然氣息，陽台更特別採取百葉摺門設計，可彈性改變光線的明暗。

054

設計PLUS 架高木地板選用橡木木皮，藉此呼應仿清水模牆的自然元素，刻意選擇帶有樹節眼的木皮，讓略顯沉穩的空間增加視覺變化。

055

056

052+053 **無限自由的零距離海景房** 在海景第一排的渡假住宅內，首先將對外屏障減至最低，讓臥房保持通透明亮，接著將衛浴隔間打開使檯面融入房內，至於廁所與淋浴間則以木短牆區隔屏蔽，其中淋浴區與大海僅隔著玻璃牆，可零距離地直觀海景，超自然。圖片提供◎森境&王俊宏室內裝修設計工程有限公司

054 **零浪費空間的閱讀角落** 30年的老房子重新翻修，除了要迎合屋主喜愛的簡約、單純的空間感，生活機能的滿足也是另一重點。臥房電視牆利用隱藏管線的深度，衍生出書桌、書櫃機能，讓屋主在房間也能簡單書寫閱讀，而無須浪費空間規劃書房。圖片提供◎CONCEPT 北歐建築

055+056 **多機能掛鏡，巧妙化解動線缺點** 為了避免床座與廁所面對面，因此將床安排在靠窗位置，並利用架高木地板延伸出兼具化妝、工作的L型區域，另外以鐵件結合鏡面，輕巧的鏤空設計不會帶來壓迫感，還能有效將床座與浴室隔開，同時滿足化妝區的鏡子功能。圖片提供◎日作設計

057 清透灰玻製造色彩漸層效果

過多光線並不適合睡眠，因此刻意將採光面規劃在更衣室，利用絕佳採光與大量的白色，打造一個潔白又明亮的更衣室，並以灰玻做隔間，以此調節來自西曬的光線，讓以黑灰白為主的睡眠區域保有適度明亮感，營造出讓人舒眠的沉靜氛圍。圖片提供◎日作設計

058 藉由機能整合，型塑小空間輕巧調性

空間坪數不大，但一般臥房該有的基本機能卻不能少，因此除了大型櫥櫃，約60公分的上掀式床頭櫃亦具備充足的收納空間，而從床頭櫃向窗戶延伸的書桌，以懸空設計降低量體沉重感，在滿足機能的同時，也替空間帶來輕盈、俐落效果。圖片提供◎日作設計

059 遊戲空間兼客房，還藏有豐富收納

對於家，屋主夫妻想要整體空間自由開放，喜歡自然、活潑趣味的設計，曾旅遊各國的他們對穀倉門也是情有獨鍾，於是，設計師將格局做了調整，女兒房與公共空間串聯，讓家長能隨時掌握小朋友的狀況，一旁採開放式設計的多功能房，平時是遊戲區域，也可以變成溫馨的和室客房。圖片提供◎CONCEPT 北歐建築

060 幾何分割線，為空間注入藝術元素

為保有睡眠區的隱密與安靜，將化妝區規劃在進門處，兩個區域以半牆結合鐵件設計做區隔，利用鐵件輕薄量體與分割設計形成輕盈、穿透感，化解實牆的壓迫感，並在鐵件嵌上鏡面與玻璃，帶來更為活潑、有趣的視覺變化，也滿足使用機能。圖片提供◎日作設計

細節PLUS 選用灰玻做隔間，可阻擋部份光線，並模糊更衣室與睡眠區牆面界線，形成視覺上有趣的漸層效果。

細節PLUS 床頭櫃與衣櫥皆採用橡木自然貼皮，藉由材質的一致性整合空間風格與線條，避免元素過多，失去臥房該有的寧靜感受。

設計PLUS 利用增高地板的規劃方式,創造出更多的收納空間,搭配油壓緩衝棒五金的運用,掀開地板省力又安全。

059

060

設計PLUS 鐵件不會因厚度而失去其堅硬特性,因此以鐵件取代水泥隔牆,可解決隔牆帶來的厚重感,同時又不失其隔間功能。

細節PLUS 床頭後保留一處通道,形成開放式更衣領域,在大容量的木作衣櫃配置下,滿足了居住者收納需求。

061

062

細節PLUS 落地櫃尺寸為50公分深×400公分寬×220公分高,藉由2:1比例規劃成上下分開的門片櫃,並鋪貼皮革飾條增加設計呼應。

由於背景色調溫暖，在空間中融入黑色傢具跳色，並在鏡框、燈架處使用金屬材質，讓臥房能保留舒適性卻又不失個性。

夾層樓梯與層板選擇以鐵件結合玻璃，利用白色及穿透效果製造輕盈感，解除夾層帶來的壓迫感受。

061　冷冽床頭牆複合機能　此間寢臥床頭牆延續屋內的灰色調，嵌置兩座金屬床頭燈，造就充滿品味的生活質感，同時，使床與床頭櫃接合牆面，作出不落地設計，讓休憩場域回歸到輕盈、放鬆的本質，木元素暖化空間的工業風格並以跳色的櫃體令空間更活潑。圖片提供©KC design studio 均漢設計

062　用灰玻穿引內外、輕化牆面　為順應風水老師建議床頭方向，床頭用皮革搭配茶鏡做矮牆，周邊則以灰玻填補。不但可提升睡眠安穩並藉鏡面反射增加景深，右側鋼刷木皮櫃延展進書房，但因灰玻透視特性讓櫃體沒有中斷感，反而產生虛實難辨的視覺驚喜。圖片提供©晨陽設計

063　造型梳妝檯避忌諱、添專業面　臥房主牆幅寬足，先用淺咖啡圖紋壁紙定調主色，再以對稱手法規劃壁燈、床頭櫃，營造睡眠區溫暖舒爽質感。梳妝區沿牆設立藉木皮劃分出機能區隔；一來避免鏡子照床，二來用燈泡打光，讓造型時能享受明星般的梳化氣氛。圖片提供©晨陽設計

064　向上發展創造多機能空間　除了單純的睡眠空間外，還希望幫小孩房打造一個屬於他們的祕密基地，因此往上發展以夾層創造出另一個休閒、遊玩的空間；另外並在位於床頭位置開口，讓位於後方的儲藏室不會過於封閉，也讓每個空間都能保持穿透，也藉此巧妙串聯。圖片提供©蟲點子設計

065 **呼應裡外的配色計畫** 主臥房色彩以牆體大面積鋪陳呈現簡約質感，床頭湛藍呼應了公共空間的管線顏色，搭配男主人喜歡輕淺木材質烘托出溫馨舒適的感受。延續藍色調過道，是淺色木質感的書房，以色彩烘托溫暖，未來也具有使用上的變化性。圖片提供◎KC design studio 均漢設計

066 **時尚浪漫中暗藏機能** 主臥以時尚的飯店風設計為主軸，使用具設計感的寢具傢飾提升空間質感，在整體色調以簡約的木質色系、薰衣草紫色為主，天花不僅以獨特的造型令空間視感聚焦，並使用間接燈光打造優雅浪漫的睡眠場域。圖片提供◎開物設計

067+068 **兩室穿透收攬城市風景** 本案為特殊的八角居家空間，設計師將室內一隅作為私人場域，含括睡寢、書房與更衣間，原本屋主希望將書房與臥房隔間，但設計師則以迴流動線方式，規劃床頭雙面櫃將兩者區隔，令折角的大開窗貫穿，120度飽覽城市景觀。圖片提供◎瑪黑設計

細節PLUS 進入主臥後以木質地坪高低隱形分配左邊需上一階的書房與右邊的睡眠空間。

細節PLUS 特製的化妝桌，抽屜依照化妝品的高度製作，並使用側面拉櫃式方便拿取保養品內部更。

067

設計PLUS 原本屋主希望以隔間方式區隔書房與臥房，設計師以床頭雙面櫃創造開放式的迴遊動線，生活不侷限，櫃體不僅是彈性隔間，更具有豐富的收納機能。

細節PLUS 由於整體書房寬度為120公分，僅放得下一桌一椅，提供單人使用。書房後方則善用牆面增設層板，擴增收納空間。

069

070

細節PLUS 櫃體立面選用鐵刀木，並剖成12公分的厚度，突顯其紋理變化的強烈視覺感受。

071

運用迴流動線與推拉門設計，整室空間打通方便行動，猶如一個大套房。

書桌左下方的層板不但能擺放書籍，層板取下還能將行李箱直接推入收納。

069+070　畸零空間變身小書房　順應屋主想要獨立書房的願望，沿主臥靠窗處的畸零區設置活動拉門，拉門與牆面齊平，修整不良格局的同時，獲得小巧的書房空間。而床鋪另一側則設置更衣空間，一字型的設計一點也不浪費空間，使臥房機能更加完整。圖片提供◎摩登雅舍室內設計

071　隱身櫃體後的私密閱讀角落　因應屋主提出希望在主臥房設置具隱私的書房空間，重新規劃的主臥房配置之下，設計師利用一整面衣櫃衍生出通往衛浴的過道，而書房便藏在衣櫃後方，讓睡寢區、閱讀的使用者不會相互影響，床頭主牆則運用壁紙、木皮的分割作出層次變化。圖片提供◎水相設計

072　彈性隔間成就老後套房　因為兒女皆已成年不與家人同住，屋主夫妻兩人重新思考所需要的生活方式。設計師以無障礙空間的手法，運用開放式設計規劃，全室不設門框、門檻僅設置推拉門讓地坪平整，並延伸此設計入臥房，且與衛浴與書房相鄰方便活動。圖片提供◎瑪黑設計

073　書桌延伸整合床頭、增加收納　為了保有空間的寬敞感受，有別於一般倚牆的櫃體安排，設計師利用書桌的延伸整合床頭板，開放書櫃也特意拉長至睡寢區後方，藉由量體線條的連續感，試圖擴大空間視覺，牆色則選用天空藍鋪陳，回應使用者喜愛戶外運動的自然氛圍。圖片提供◎馥閣設計

074 避樑邊櫃衍伸創意複合傢具 即將步入國中的男孩房，設計上就需要對應到青少年時期的個性，色系上以較成熟的灰色系統板材規劃整面收納，並分割出不同形式收納，創造視覺上的整體感，設計師刻意搭配黃色的配件及畫作，保留一些大男孩的活潑個性。圖片提供◎寓子設計

075 收藏者的祕密小天地 針對生存遊戲情有獨鍾、擁有大量專用槍枝珍藏的屋主，須兼顧收納與展示的課題，次臥以整面收納櫃作為收藏生存遊戲器具與收納衣物之用，並以色調成熟穩重的木質調為主，更將櫃體結合拉床，增添複合機能。圖片提供◎大晴設計

076 L型屏風區隔場域亦兼具化妝桌機能 成功的女企業屋主喜歡簡約的設計風格，設計師在此間大套房的睡眠場域運用幾何切割牆面，演繹當代形貌，因為臥房是放鬆紓壓之處，不太需要明亮的光線，設計師運用間接照明、黑玻燈箱與地面光線營造舒眠氛圍。圖片提供◎瑪黑設計

077 以地坪串聯機能、攏聚氣氛 床頭小樑以烤漆造型板修飾，中間斷開一條黑色腰帶，讓上下面板溝縫參差錯落增添變化。閱讀區以書櫃與落地衣櫃共構；封閉式衣櫃承襲了主牆元素可充當背靠，書櫃則藉由門片與格櫃營造色塊點綴，再以地坪串聯收整兩區機能。圖片提供◎晨陽設計

細節PLUS 為了讓睡床避開窗邊天花樑，因此沿牆面規劃了一個結合收納及書桌功能的一體成型複合傢具，兼具實用及空間利用的效益。

075

細節PLUS 選用鐵灰綠色的木質門片與室內叢林氣息相呼應。

設計PLUS L型屏風不僅是彈性隔間，隔板拉下即是化妝檯面，其中更以幾何黑玻令視野穿透。

抽屜PLUS 書櫃以門片、格櫃與抽屜結合，但用1：3：1作色彩配置兼具美觀實用。衣櫃浮凸於牆側，藉由間距及側邊的黑圈圍範疇、暗喻分界。

078

捲簾兩側的櫃體、牆面預留溝縫軌道，當捲簾放下來的時候可完全密合，達到良好的遮光效果。

079

設計PLUS 可移動的化妝長桌，往前移就能兩人對坐轉化成書桌。

設計PLUS 拉齊動線壯大空間氣勢，也預留出足夠牆面佈局閃樑壓床。床頭線板堆疊增加層次，捨主燈用間接光加上LED嵌燈則使畫面不被切割。

078+079 **架高地板衍生梳妝、休憩區** 坐落於南台灣的大樓住宅，空間寬敞、採光充沛，主臥房與衛浴之間以半高牆面搭配玻璃隔間，維持通透感與明亮光線，另一側窗面則規劃架高15公分的地面，劃設出梳妝區、多功能休憩角落，讓屋主可以更彈性地去使用這個區塊，並搭配淺色木紋與白色做基調的運用，空間清朗明快。圖片提供◎福研設計

080 **巧妙運用，臥房、書房合而為一** 設計師降低臥房內的色彩比例，利用穿透式設計，讓日光與燈光得以恣意流動，並將此延續至主臥內，讓明亮的日光與床頭燈罩在牆面的縱橫線條達成完美演繹。木作櫃體延伸牆面，不僅擁有收納機能，並運用不規則層架令空間更為活潑生動。圖片提供◎伏見設計

081 **同中求異主牆銜接雙機能** 主臥牆面用色塊區分機能；先以兩道深咖啡木作分立左右，藉對稱手法奠定睡眠區範疇。其餘牆面以卡其色皮革為材，做平面和裱布兩種方式處理；既可用材質延續設計一致性，又能透過相異處理手法彰顯變化，使書桌區自成一格。圖片提供◎晨陽設計

082　複合牆面兼具牆面及收納功能　屋主喜愛簡單溫馨的調性，設計師以白色為基調搭配亮麗的藍色作為床頭主牆，藍白色調的清爽的空間中，木作材質傳遞出溫馨氛圍，收納則輕巧的隱藏於條紋分割的線條理中。圖片提供◎寓子設計

083　彈性電視牆巧妙為公私領域畫線　整體坪數不算廣闊，且採光較不優，設計師內縮客廳與主臥房的隔間牆，讓公、私領域皆能享受到完整風景，並運用開放式格局增添明亮視感，臥房空間位於客廳電視牆後方，以同一面量體創造雙面電視牆，電視牆、視聽櫃與臥房門片收整於牆，形成完整的立面。圖片提供◎KC design studio 均漢設計

084+085　以拉門型塑無界限居家感受　此間臥房空間有著優異的採光，令空間感受十分明亮。設計師並運用玻璃、鏡面等材質，打造通透寬敞的居家感受：通往浴室與更衣空間以玻璃門片讓視野穿透，空間不只侷限在所見表象，此外以牆面上的風景掛畫營造品味。圖片提供◎大晴設計

細節PLUS 通往更衣間及衛浴的入口，同樣隱藏於藍色牆面之中，藉由動線的串聯提升更衣沐浴流暢度，也保留了寢區休息功能的純粹性。

082

083

細節PLUS 電視牆的彈性拉門設計，讓其保留了一處通道；當關上門，可完美區隔公、私領域，打開門，即開創走入臥房的另一條動線！

床頭板添入造型感，運用質感皮料為表面，並於邊角做出彎折角度，充滿視覺趣味。

084

085

086+087 巧妙定義床舖傢具讓空間定義更廣

為了讓空間使用彈性、定義更為廣泛，在此空間中設計者使用可收納式床舖，可上下掀的功能設計，在無訪客來訪時，該空間就可以再做其他使用，較不會受傢具的配置而有所侷限。圖片提供©TBDC 台北基礎設計中心

088+089 臥房中加入臥榻區賞景好愜意

屋主期盼在臥房內還能擁有其他獨立小空間，於是選擇在將靠窗那一側規劃出臥榻區，大面窗景引入豐沛的自然採光，可以坐在這享受陽光的照撫，或是飽覽高樓層的美好風景。圖片提供©TBDC 台北基礎設計中心

090 灰玻門片營造通透感

臥房以大量木元素及大地色彩，營造溫柔的私人場域，並以灰玻巧妙劃分更衣空間，兼具隱私與通透感。值得一提的是，L型木作櫃體兼當化妝桌與書桌功能，並嵌入長形照明，營造柔和舒適的間接光源。圖片提供©伏見設計

設計PLUS 臥房中的牆創造出回字動線，使用上沒有限制，無論從哪一邊都能看到獨特的視覺風景。

設計PLUS 衣櫃使用灰玻門片，令空間視覺感放大，內嵌LED燈兼具展示功能。

細節PLUS 更衣場域以多元材質重組機能，配置木工訂製櫃體，搭配波麗板材運用，與不鏽鋼的鐵件架構，創造異材質混搭的冷暖平衡。

091

細節PLUS 更衣間原先位置為制式內嵌式衣櫃，在拆解隔間後，改造成為通透更衣室，不僅植入更多收納空間，更拓寬臥房場域視野。

022

主臥與更衣室之間以半穿透感的茶玻璃取代實牆，並特別設計無背板的吊掛衣櫃，讓剪裁優雅的衣物成為裝飾臥房的一部分。

091　開放更衣室，通透兼具隱密性　睡眠區以淺色系為主，營造清爽自然的氛圍，搭配充沛採光、更顯舒適清透，同時破除制式更衣間格局，安排開放式更衣空間，透過簡單的隔屏配置，導引流暢動線，在灰玻與鐵件的結合之下，型塑通透兼具隱密性的界定功能。圖片提供◎橙白室內設計

092　造型壁燈，妝點北歐意象　主臥房附帶衣帽間，給予清晰整齊的收納規劃，挹注實用生活機能，並在床頭牆加入「馴鹿」造型燈飾，點亮整體視覺，且巧妙透過光影延伸鹿角圖樣、令人驚艷，不僅以燈光營造室內氣氛，更貼近了北歐風格的主旨。圖片提供◎北鷗室內設計

093+094　穿透材質及地坪落差串聯臥房功能　由舊屋改造的空間，打開原本分隔的兩間臥房，形成一間功能完整的主臥，以直向動線串聯寢臥、更衣室及衛浴空間，更衣室及衛浴彼此相通，僅以地坪的高低差區隔，提升空間使用的便利性；更衣室規劃複合式的收納機能，能滿足各種衣物、冬被的收整需求。圖片提供◎寓子設計

095+096 隱形床架藏進櫃，客房、書房都好用

過去，客房因為使用頻率低，經常被視為最浪費空間的設計，其實只要規劃得當，機能也可以很完善。如同此案，設計師將床架隱藏在書櫃內，平常是書房用途，有需要時也能變成臥房，使用更為彈性方便。圖片提供◎存果空間設計

097 木作牆體衍生設備櫃、隱藏梳妝鏡

主臥衛浴隔間設定為電視牆面，以增設木作壁面的做法收整設備線路，同時也巧妙將梳妝明鏡隱藏在電視牆內，用橫拉方式使用，化解鏡子面對床舖的禁忌，梳妝檯則貼飾板岩磚材，自然質樸感化為立面端景效果。圖片提供◎吉畝設計

098 是遊戲區也是小孩房的多元設計

採用架高地板規劃的小孩房，不僅擁有衣櫃、書桌等齊全的機能，架高面材鋪設超耐磨地板，也成為幼兒階段最安全的遊戲空間，除此之外，書桌區域預留落差高度，讓雙腳能舒適落地，臥榻側邊也規劃抽屜可收納各式玩具，比起一般小孩房更實用。圖片提供◎存果空間設計

099 拿捏挑高與距離尺度，小宅的好用更衣間

每個女人都夢想要有一間更衣室，但有時候能買到的坪數卻有限，這間房子雖然才22坪，不過優點是樓高3米2的條件，設計師捨棄傳統衣櫃做法，採用鐵件骨架創造出三層的懸掛機能，最底層也能彈性收納行李箱，摺門完全敞開就如同更衣間般。圖片提供◎甘納空間設計

細節PLUS 梳妝檯左下的落地櫃高75公分、寬30公分，看似為抽屜實則是大門片內以層板劃分，可作為保養品囤貨用，常用的則以桌面櫃、抽屜為主。

細節PLUS 一般小孩房多採繽紛童趣設計，這裡特別選用木頭材質與噴漆搭配，舒適的配色手法，即便長大也十分耐看。

細節PLUS 格子玻璃門與黑色鐵件之間預留達80公分的距離，給予舒適的使用尺度，特意挑選搶眼的花卉壁紙貼飾，亦成為臥房的吸睛重點。

100 **貼心的雙向燈光佈局** 由於希望每天起床的第一眼就可以看到整面的綠，因此設計師特別將床轉向窗面；床頭板則與梳妝檯結合為一體，固定在床板上的燈具，貼心設計為可雙向調整轉動，讓這裡也可作為小小的書桌，即使深夜閱讀也不致吵到另一半。圖片提供◎福研設計

101 **與背板一體成型的邊櫃設計** 與床背板一體成型的邊櫃，特意訂製為不對稱的高與低，各自可作為不同的機能應用，如擺設盆栽、充當梳妝檯或整理小物……，而且時尚簡約的俐落線條背後，藏有間接燈光，成為空間氣氛營造的主要來源。圖片提供◎寬月空間創意

102 **流暢的折線之美** 空間的設計主要以休閒感為訴求，空間重心的壓低，在無形中也放大了視覺感受。床頭設計中，透過一體成型的概念，讓折線從床頭延伸轉至觀景窗，打造出靈活多變的閱讀與收納機能，並藉由線條造型來豐富視覺效果。圖片提供◎森境&王俊宏室內裝修設計

103 **格門內外的動靜空間** 臥房與起居室，透過格子拉門界定不同機能定位。淺褐藕色為主調的臥房，搭配高床背，為素淨空間帶來些許華麗。格門另一側的起居室，同時也是視聽間，兩地一靜一動形成趣味對應，而兩區地板的一氣呵成，則宣告著仍有一體的關係。圖片提供◎珥本室內設計

細節PLUS 透過動線的重新佈局，睡寢區擁有更加遼闊的視野，讓人倍感療癒。

細節PLUS 深色木皮構成的背板，與牆面形成強烈的對比層次，邊櫃也同樣的色系呈現，有虛化量體的效果。

設計PLUS 臥房色系的運用講求沉穩舒適質感，淺色木質與咖啡色壁紙的結合也令空間產生層次美感。

102

103

設計PLUS 高床背的鉚釘設計、與格子語彙拉門，透過經典的美式線條傳達屋主希冀的風格調性。

床後方的大片白牆並非櫃體，而是特別以烤漆處理，並做出溝縫線條的造型牆，讓白色平面更添細膩度。

將書桌與床頭背板整合的方式，可有效且充分地利用空間坪數，而書桌的檯燈亦可兼具床舖閱讀燈光的使用。

104

105

寢臥鋪陳木地板，櫃體則採以橡木染黑、淺色橡木天然皮建構而成，在間接燈光陪襯下，營造輕質不厚重的量體表情。

104　大平檯的複合式運用　有別於一般臥房的窗台設計，此處床架往窗的反向延伸，成為一個L形的轉角大型平檯，讓居住者可用來擺放墊子增加座席空間，亦是舒適的臥榻，或是擺放音響視聽也非常適合。圖片提供◎珥本室內設計

105　不僅僅是睡眠區的臥房　在空間格局的配置上，別出心裁地讓床舖以不靠牆的方式擺放。床頭的後方是衣櫃，同時也是簡單的閱讀空間。透過架高的地板輕易地區隔出不同的用途區塊，讓空間的運用更具靈活度。圖片提供◎森境&王俊宏室內裝修設計

106+107　森林系與都會感的唯美結合　以木質作為寢臥基底，搭配美好純白色調，維繫著森林系與都會感之間的和諧度，並融入精準的格局比例分配，把睡眠、起居、更衣、梳妝與衛浴等機能整合於一室，挹注流暢的動線脈絡，搭配柔和的燈光照映，凝聚質感與高雅。圖片提供◎壁川設計事務所

108

109

一字型的更衣室搭配黑玻門片，可透光不透視的設計適度隱藏內部空間，同時門片輔以金屬門框，提升細緻質感。

自由平面的優雅氣韻 格局上減少隔間屏蔽，盡量展現自由平面的寬闊感，並以沉穩配色、不同的建材紋理打造非凡氣度，透過大量的幾何線條貫穿於空間，兼具精品時尚與日式禪風況味；睡眠區則從窗外借景，導入充沛採光，提供舒適的視覺體驗。圖片提供◎璧川設計事務所

108+109

劃出更衣空間善用坪效 由於主臥空間的坪數足夠，設計師沿樑體劃分為臥寢區和更衣區，空間比例更為合理，增加使用坪效。透過拉門巧妙遮掩更衣空間，可隨意開闔的拉門設計，不僅不佔空間、出入順暢，也可作為臥房的視覺主牆，呈現簡單時尚的經典風格。圖片提供◎演拓空間室內設計

110

書桌、儲藏櫃整合還能遮蔽大樑 臥房隔間未變，但由於床頭上方有大樑，加上屋主希望可以增加收納的空間，因此設計師規劃大面櫥櫃設計，除了有增加儲藏之外，側邊更同時整合化妝檯、書桌機能，而且中間平檯區分為三等份，每一個檯面打開都是暗櫃，約莫有75公分高的深度，櫃體從上到下、側面通通都完整地提供儲物需求。圖片提供◎曾建豪建築師事務所／PartiDesign Studio

111

櫃體採用木皮和噴漆作變化，降低壓迫感，中間平檯也安排間接燈光，還可提供夜晚閱讀使用。

112+113 雙面櫃體兼具視聽與收納機能 由於原始臥房的空間不足，設計師微調格局擴大空間深度，因而多出了更衣空間。巧妙運用一道牆體界定領域，牆體一側為電視櫃，一側則簡單設計懸吊掛桿，雙面皆賦予機能。同時沿窗設計整排矮櫃，擴增收納空間，有效使用坪效。圖片提供◎懷特室內設計

114 運用主牆區隔空間機能 這是一間舊屋改造的案例，原本主臥房空間就比較寬敞，但動線的劃分又必須考量保留落地窗面完整的光線，以及女主人希冀的獨立更衣間機能，所以設計師設計一道牆面讓床舖面對房門，牆的後方就是更衣間，落地窗邊還可多出梳妝、吊櫃收納用途。圖片提供◎曾建豪建築師事務所／PartiDesign Studio

115 特製化妝桌身兼三職 以英倫風格為主軸的居家，進入臥房則以能安心入眠的大地色系打造，為讓使用坪效達到最高，特製的化妝桌不僅身兼書桌功能，側邊層櫃不僅可放置書籍，也可作為床頭櫃使用，多功能由此展現。圖片提供◎伏見設計

細節PLUS 牆體刻意置中，兩側不做滿，形成雙入口的迴旋動線，讓進出行走更為順暢。

112

113

牆面刷飾大地色調壁漆,增添溫暖氛圍,且
更衣間不再設置門片,讓空間具有延伸開闊的效果。

設計PLUS 整面收納衣櫃可
滿足大量收納的需求,而化
妝桌旁考慮到門片不好使
用,而改以層櫃表現。

設計PLUS 一道牆衍生出的機能，無論是電視牆還是化妝區、置物櫃，其深度承載性都相當充足，相當適合生活之用。

設計PLUS 茶玻、鍍鈦金屬打造拉門，隔出半穿透的更衣室，坪數不大，卻機能齊全，配置發亮的掛衣架、俐落的化妝桌等，流露強烈摩登感。

117

絕飾PLUS 廊道接收美好採光，攬進日夜窗景，形成絕佳的休憩天地，地坪底部更暗藏深度30公分的收納空間，兼具實用機能。

116 **獨立牆面隔出開放式的更衣兼梳化區** 為了讓臥房內的機能滿滿，設計者藉由大的獨立牆面設計出開放式的更衣間及梳化區，省去空間創造空間時容易形成的格局侷促情況，還能搭配一旁開大面窗的設計，相互讓空間更為透透、明亮、無阻礙。圖片提供©TBDC台北基礎設計中心

117 **優雅摩登，絕美精緻品味** 寢臥融入總統套房概念，保有寬闊場域，營造通透無礙的空間感，且作出睡眠區、更衣間與衛浴之間的流暢動線，同時規劃具包覆感的加大床頭板，以獨特造型、布面質感體現生活品味，搭上柔和燈光，演繹精緻卻無距離感的休寢風格。圖片提供©L'atelier Fantasia 繽紛設計

118+119 **率性且開放的領域關係** 以灰色水泥鋪述整體基底，藉由烤漆鐵件建構鋼管，佈置出規律俐落的線性，並於窗邊畫下一道實木拼接的廊道，宛如伸展台般地引渡動線，形成串聯場域的流暢脈絡，在開放而密切的格局關係中，創造隨興自在的私人獨處時光。圖片提供©璧川設計事務所

120 **通透無礙的場域對話** 帶著溫潤色調的主臥,設置了獨立更衣室與雙浴缸衛浴,並規劃通透無礙的場域視野、導入明亮採光,創造窗明几淨的純粹質感,床頭後方則挹注充裕的衣物收納機能,搭襯兩盞金屬吊燈畫龍點睛,以極具精品味道的展示情境,滿足美感與實用性。圖片提供◎璧川設計事務所

121 **包含多種屬性機能使用上相當無虞**
空間考慮到未來十年性,主臥中除了臥舖區外,還特別在靠窗一帶規劃了可作為閱讀、休憩的空間,另一旁側是沿牆而生的收納衣櫃,空間中包含了不同屬性機能,無論現階段或是日後,使用上都相當無虞。圖片提供◎TBDC 台北基礎設計中心

122+123 **更衣到沐浴一氣呵成** 這是一間作為度假用的招待會所,以飯店般精緻的概念為主軸,將更衣室、衛浴規劃於空間後方,整合在同一平面上,從拿取衣物到沐浴一氣呵成。同時將臥寢區獨立置於空間中央,相對擴大臥寢區域,有效營造開闊的空間感受。圖片提供◎演拓空間室內設計

細節PLUS 睡眠區與更衣間呈開放關係,格柵設計不僅兼具引導光線目的,更暗藏有如百葉窗般的旋轉功能,可達到遮蔽視線作用。

細節PLUS 由於主臥串聯書房,為了讓空間能彼此互通,使用了許多活動式門片,全開時能讓空間通透,關上時可有各自獨立空間外,動線也相當流暢。

絕窍PLUS 將床舖置中，床頭牆面左右兩側不做滿，自然形成雙動線的迴游設計，讓人能在更衣、沐浴、臥寢之間自由遊走。

124

123

細節PLUS 設計師將角窗結構與臥榻機能相結合,不僅善用畸零空間,更透過窗面角度坐擁廣角視野,納進更多的採光面積。

睡寢區上端的大樑以斜面天花設計修飾，加上線條分割、氣球壁燈，展現悠閒童趣的調性。

124 **可收納式床舖提升空間機動性** 因目前的空間使用者只有夫妻兩人，但也考慮到訪客來訪等需求，因此把在書坊增加一個可收納式的床舖，可讓空間性質更多元機能性也更大。圖片提供◎TBDC 台北基礎設計中心

125 **臥榻結合收納 機能再提升** 給予淺色系鋪底，搭配黃光與日光照明，創造有別於白牆的溫度，且選用屋主喜愛的黃色抱枕，成功點亮視覺，型塑恬靜浪漫的生活畫面，窗邊則規劃臥榻，提供屋主閱讀和放鬆的角落，底部更融入收納機能，增強空間使用效率。圖片提供◎L'atelier Fantasia 繽紛設計

126+127 **架高手法，創造床架與收納** 兩個小女孩共享的臥房空間，坪數雖然不大，但卻擁有挑高3米8的優勢，設計師利用架高60公分的高度創造出睡寢結合收納的魔術機能，架高底下加上踏階都是可以收納的抽屜，前面的三個大抽踏甚至可以完全推拉出來，並區分為上面收納、側邊層板收納方式，提供多元且彈性的使用。圖片提供◎曾建豪建築師事務所／PartiDesign Studio

設計PLUS 順著空間結構創造特色，在凹凸垂直面上以橫向矩型作為電視置放的位置，加上背光設計，不僅在視覺上呈現塊狀的堆疊感，也創造牆面的現代藝術性。

128

129

設計PLUS 梳妝檯的兩側分別可收納包包、保養品等，梳妝檯面也特別選用木皮貼飾，平常更好清潔。

130

設計PLUS 浴室格局變更經常會遇到管線鋪設的問題，在此案當中，設計師利用衣櫃下緣的踢腳空間藏設管線，如此一來就無須墊高地板。

132

設計PLUS 看似小巧的抽屜，深度其實與一般梳妝檯一致，大約是40公分，基礎的瓶罐收納還是相當足夠。

128+129 **機能對應空間結構並以拉門劃分寢臥區域** 偏長型又位於頂樓的空間，尖型屋脊成為最大的特色，設計師將中央天花最高的部分留給公共區域，較低的左右兩側規劃為臥房；為了讓主臥房有一定的獨立性，因此藉由廊道循序串聯書房、衛浴、更衣間，而臥房則安排在較不易受打擾的後段區域，空間與空間之間用拉門區隔各自的功能。圖片提供◎奇逸設計

130 **隱藏式梳妝檯簡潔舒適** 相較多數利用大樑下的空間規劃整面櫃體，在此個案當中，設計師將床頭櫃與梳妝檯作結合，當折疊門關起來的時候，床頭立面簡潔俐落，色系的挑選上則是延續公共空間的綠色底色作為貫穿，讓整個空間的主題性更為明確。圖片提供◎甘納空間設計

131 **微調一道牆，魔術擴充更衣間** 房子小不代表就得屈就坪數捨棄想要的機能，18坪的老屋利用順應樑位以及衛浴隔間的調動，不但隱藏大樑結構，更巧妙為主臥房增加更衣間的機能，加上以軌道燈取代間接天花的設計，給予完善且最舒適的空間尺度。圖片提供◎法藝設計

132 **床頭壁板整合梳妝檯超省空間** 礙於臥房坪數的限制、加上考量女主人對於梳化的需求較為簡便，設計師將床頭背板巧妙整合梳妝鏡面，並延伸懸吊式的抽屜提供基本收納，無須再單獨另闢一個角落規劃梳妝區，讓空間達到最有效益的使用。圖片提供◎吉畝設計

133+134　倉庫拉門隔間，打破公私領域界線　為了滿足屋主想要在每個地方都能看電視，客廳與主臥房以大拉門概念取代一般隔間＋房門的做法，旋轉電視便設置在客廳與主臥間，可360度旋轉的設計不僅觀賞方便，空間視野也隨之更為寬闊舒適，心愛的毛小孩亦享有自在的生活動線。圖片提供◎法蘭德室內設計

135　多功能島臺增加使用便利性　以大地色系鋪陳的臥房，為了滿足有大量衣物收納的需求，除了規劃獨立更衣室，臥房內另外設計衣櫃，方便整理分類不同季節的衣物；睡床和衣櫃之間增加一座複合機能的島檯，不僅可以當書桌使用，掀開暗藏於桌面裡的鏡子就是一張實用的梳妝檯，鄰近床邊的部分則嵌入黑鐵打造的收納櫃，可以簡單收整睡前常看的書籍。圖片提供◎尚藝室內設計／軟裝規劃◎林安妮藝術設計事業有限公司

136　床舖轉向創造更衣間機能　當臥房的隔間無法有太多變動，有可能創造出更令人意想不到的機能嗎？原本床舖上方遇有大樑結構問題，同時也礙於空間較為畸零，因此設計師將床頭轉向，大樑下巧妙增加出更衣間，比起制式的一整排衣櫃設計帶來更多收納。圖片提供◎甘納空間設計

133

134

細部PLUS 拉門隔間選用集層材噴塗透明漆，模擬倉庫、馬廄粗獷大門，同時也利用雷射切割鐵板將毛小孩的誕生日設計為條碼噴塗門片上，成為別具意義的印記。

衣櫃拉門採用鐵框搭配黑色夾紗玻璃,增加門片細節的精緻度,臥房也透過衣櫃內隱約透出的燈光營造氛圍。

135

136

雖然空間有限,然而更衣間走道仍有50公分的寬度,行走動線保有基本的舒適性。

細節PLUS 閃電造型的門片必須仔細精算銳角的高度，避免屋主進出時不小心碰撞，而粽灰色主牆色的搭配，可讓空間看起來較為沉穩。

137

細節PLUS 更衣室門片以暗門形式規劃，搭配不規則的木皮拼接設計，當門片闔起時形成一道完整的主牆造型。

138

細節PLUS 書桌量體延伸成為臥榻的高檯，除了提供展示用途與增加抽屜收納，透過延續的線條處理，也令空間更具連貫與放大效果。

139

梳化區規劃於臥榻之間，一來可以在開放格局中將二區稍作分野，同時位於大樑下方的化妝區因坐著使用也較不受屋高干擾。

137 **溫暖又俐落的閃電更衣室** 30年的老屋翻修，依據屋主需求保留現有格局，唯主臥房內原有的兩間小和室予以拆除，並重新為女屋主增設夢想的更衣室機能，有趣的是，設計師將夫妻倆反差個性表現於材質、線條上，深刻實木皮門片代表男主人溫暖的特質，閃電造型則是呼應較為陽剛的女主人，創造專屬的設計感。圖片提供◎奇拓室內設計

138 **臥房泡日光浴、享受滿天星光** 將部分露台納入成為室內空間，為主臥房增添了休閒區、更衣室，不論室內或戶外皆鋪設一致的超耐磨木地板，讓視覺有延伸寬闊的效果，透光玻璃底下的休閒區也規劃電動窗簾，可視需求調整保有隱私，夜晚時又能抬頭看星星。圖片提供◎存果空間設計

139 **擴增更衣、臥榻與閱讀的綠意臥房** 30多年的老公寓住宅，擁有三面採光與格局方正的優勢，可惜的是臥房坪數略微不足，透過隔間的調整之下，完整地納入更衣間、閱讀、臥榻休憩機能，更衣間以布簾區隔動線，配上紫色系的運用，軟化空間氛圍，臥榻下更具相當可觀的收納。圖片提供◎吉畝設計

140+141 **簡鍊梳妝鏡區展現時尚感** 主臥房因空間寬敞，可容納更豐富的機能性，設計師沿著窗旁規劃採光極佳的臥榻區與化妝檯，但考量原本建築鋁窗的顏色與樣式都與室內風格不合，所以加作了實木的白色百葉內窗，透過葉片梳理灑進來的光影更顯優閒。圖片提供◎逸喬設計

142 **美式斜屋頂下的沉思書房** 坐擁寬敞格局的美式鄉村風格臥房，將書房與臥房大器地以白色格子窗屏搭配斗櫃區隔，藉由玻璃材質的穿透感與格窗造型，營造出層次與窗明几淨的風格外，木質百葉窗與典雅的美式書桌椅則讓書房區增添沉穩氛圍。圖片提供◎昱承設計

143 **創意打造女孩夢幻基地** 想像著有個小女孩可以窩在窗邊角落看書…設計師用空間語彙落實了這樣的畫面，以軟性繃布做了連結房間與衣櫥口字型檯面，梧桐鋼刷木櫃收納衣物但不全然做滿，保留了屬於小女孩的一小方夢幻天地。圖片提供◎大湖森林室內設計

144 **以木隔屏囊括需求解答** 將採光最佳的部分預留給浴缸和洗臉台。利用10公分厚的木頭堆疊為造型屏風；一來可以確立機能分界，二來內凹格洞既是裝飾又可置放氣氛小物。而兩側鏤空則使氣流通暢，不僅吻合盥洗空間清爽無壓需求，也強化景深層次。圖片提供◎原木工坊

145 **流暢動線串聯三室** 設計師為喜愛色彩的屋主打造馬卡龍童話宅，主臥延續了繽紛色彩規劃，但以灰色牆面做大面積襯底，妝點充滿理性與秩序的裝飾線板，透過流暢線條串聯主臥與更衣室，且在床頭左側規劃鏡面門延伸空間感，形成帶有虛實感的空間意趣。圖片提供◎開物設計

細節PLUS 天花板留有局部斜屋頂造型來增加風格美感，同時對於整體空間感也有拉高、放大的效果。

細節PLUS 除了懸浮衣櫥外，洗浴間運用水流慣性原理刻意不作隔水門檻，讓空間全然統合，書桌區相對低陷成為能專注學習的讀書區。

細節PLUS 更衣間門片以水紋玻璃搭配鏤空菱格增添美感；玻璃的清透不僅讓牆面變得靈巧，也可與磚牆、木屏形成質地對比，平添豐富韻味。

144

145

細節PLUS 床頭後方右側為更衣室，左側則為衛浴，中間連通，迴遊動線令進出更為彈性。

146 **以樹屋概念遠眺蒼鬱山林** 小住宅位於本大廈的頂端遠眺大自然，對比起來就像是大樹上的小樹屋一般，設計師以小時候爬樹的概念，將C型鋼作為挑空區域修補材料，並疊加透光面材，維持原本客廳位置上方的光線穿透性，減少空間壓迫感。圖片提供◎大晴設計

147 **書桌隱藏梳妝檯更省空間** 姐妹倆共享的臥房空間，擁有美好光線的窗台邊，巧妙應用系統櫃作為兩姐妹的梳妝檯，其可翻式桌面的設計，融合了收納特性以保持檯面清爽與物件歸類，提高生活機能也更方便整理。圖片提供◎CONCEPT 北歐建築

148 **L短牆包覆，更衣間不顯亂** 藉由床尾主牆的界定，先將房間區隔出臥床區與更衣間，特別是將牆面延續以L轉折設計再伸入更衣間，如此可將更衣間側面包覆，也可遮蔽衣櫥內較為雜亂的景象，呈現出優雅高質感的居住品味。圖片提供◎近境制作

149 **獻給父母！寧靜美色渡假房** 這是一間海景渡假住宅內的長親房，設計重點除了以大開窗迎接山海相連的美景，在房間色調上則以白色與大地色系為主，盡量不與戶外藍天大海爭搶風采，讓淡柔的氛圍與海景連成一氣，就連牆上掛畫也一派輕鬆自然。圖片提供◎森境&王俊宏室內裝修設計工程有限公司

150 **清透材質淡化隔牆壓迫感** 二房打通成一房的主臥，將更衣室安排在側邊，保有睡眠與更衣兩個空間的獨立與完整性，並以具透光性的灰玻取代實體隔牆，讓視線藉由穿透性材質得以延伸，弱化水泥隔牆帶來的狹猻與壓迫感。圖片提供◎日作設計

細節PLUS 玻璃地坪增加了上層樓使用空間，當客人到訪時可以機動性增加床墊以符合休憩需求。

細節PLUS 大量留白的牆面綴以屋主喜愛的亮黃色，就像是和煦的陽光為理性的空間注入活力與朝氣；漆黑的鐵件、燈具與吊扇勾勒空間輪廓，亦讓整體視覺更加自信有神。

148

設計PLUS 即使在私密更衣室內,但五金吊桿與木質層板的質感依舊講究,尤其是搭配下照式燈光的暈襯,展現如精品櫃般的空間設計。

149

設計PLUS 由於是給長輩使用的房間,安排上格外注意無障礙設計,如經常使用的面盆區移至床邊,而浴缸與廁所的地板也採用無高低差設計。

150

設計PLUS 選擇10mm灰玻作為隔牆,除了借其穿透感,營造開闊效果,灰玻亦可弱化來自更衣室的光線,避免光線過亮或過於刺眼而影響睡眠。

Chapter 02
風格氛圍

151 床架
風格決定床具款式

床是臥房最重要的傢具之一，床架可依風格做選擇標準，例如古典風格可挑選四柱床、現代及極簡風臥房則可挑選平檯床，顏色則視空間氛圍做選用，乾淨清爽的色調如米白、原木，會給人感覺比較療癒；沉重的深木或金屬材質，則適合點雅的空間氣質。圖片提供◎摩登雅舍室內設計

152 色彩
利用明度高低展現空間尺度

最基礎的色彩運用方式，由天花、牆面到地坪，可選擇三種明度的色彩，並依明度最高、次高與明度最低的方式呈現，因為色彩在空間上的呈現是經由人的視覺觀感比較而來。採光好的臥房選用高明度色會更顯明亮，選用低明度色彩的臥房，則具有穩定、沉澱情緒的效果。圖片提供◎曾建豪建築師事務所／PartiDesign Studio

臥房的風格取決於床架、寢飾、窗簾，在挑選床架的時候，除了注意床墊尺寸是否吻合，寢具織品也要依照床架風格延伸，整體搭配在一起才合拍。寢飾挑選建議採單一主題的概念，避免過多元素、不成套的搭配使用，但可利用對比色系的方式，創造豐富的視覺層次效果。

153 **寢飾**
掌握一深一淺的原則

臥房屬於放鬆的空間，應以溫暖和諧為佳。通常深色會讓人有放鬆感且產生睡意，因此在寢具或牆色選擇上，建議降低色彩的明度和彩度，弱化色彩的刺激感。而為了避免整體色調過於沉重，可利用淺色系來達到平衡，例如牆面是淺色，床單、被套就可搭配深色，反之亦然。圖片提供◎曾建豪建築師事務所／PartiDesign Studio

154 **窗簾**
色調、形式、圖騰都要符合風格

窗簾對臥房佈置有很大的影響，色系可從空間、傢具挑選，就能讓色調更加一致，選擇相同色系會是比較安全的做法；圖騰則是取決於風格，例如北歐風多半會挑選自然植物、鄉村風則是適用小碎花、花鳥等等。另外，也可以挑選遮光效果佳、或是雙層簾，增加舒眠效果。圖片提供◎摩登雅舍室內設計

細節PLUS 白色衣櫃利用溝縫作出內凹線條與立體感，加上把手的垂直、水平排列等細膩處理手法，簡單卻充滿變化。

155

155 白色基底勾勒設計旅店風

樓中樓具有得天獨厚的山景條件，將三房格局重新配置為一大主臥與小孩房，主臥房因建築關係有許多稜角與柱子，因此設計師運用白色系作為修飾，不同開口尺度的窗戶則以落地窗簾作整合，再結合紫色調傢具、軟件跳色，讓空間具有層次感。圖片提供◎甘納空間設計

156 線板、百葉打造經典美式風格

65坪的居所以屋主嚮往的美式風格作為規劃，主臥房牆面刷飾霧鄉色，天花跟立面也局部搭配白色造型線板，更加跳脫質感，床頭則是採取矮背板，讓整個空間更有現代美式的氛圍。圖片提供◎存果空間設計

157 仿舊壁紙與訂製鐵件傢具展現個性工業宅

強調收納與工業風格的臥房空間，床頭主牆選用仿舊磚牆壁紙貼飾，加上穀倉房門、以及運用鐵件與木工訂製概念完成的書桌、書櫃，包括地板也特意紋理較為鮮明的木紋花色，完美展現個性、粗獷感的工業風氛圍。圖片提供◎法蘭德室內設計

細節PLUS 壁紙是以粉色系為主,相對的在窗簾、寢具的選擇上也加入了粉色因子,看似一室中有多種顏色並存,但仍是很和諧。

158

細節PLUS 床頭兩側藕紅色的繃板展示古典,中間則是深度40公分的造型分隔收納,滿足屋主收納需求。

159

細節PLUS 空間在封閉時,也可利用大量鏡面及透明玻璃,以極具氛圍的方式引進自然光。

160

細節PLUS 將空間線條予以簡化,包括櫃體也設計為內嵌式的做法,進而突顯傢具陳設展現出來的氛圍。

細節PLUS 為貫徹簡單設計的主軸,臥房天花俐落平整,並運用嵌燈照明提供柔和的光源。

158 **小碎花圖騰營造柔情鄉村風格** 雖然說空間有橫樑經過,但設計者並未刻意用設計來做修飾,而是改以將帶有小碎花圖騰的壁紙運用至牆面上,藉其引導視覺目光,同時也讓睡環環境裡遍布溫暖又柔情的鄉村調性。圖片提供◎陶璽設計

159 **美式古典的優雅表現** 設計師以美式軟件做大量鋪排,強調優雅與舒適的生活體會。主臥房內床頭融入了隱藏櫃體空間,牆面結合線板、繃布妝點,展現優雅畫面,並搭配深色大型床具與同色系櫃體,帶入溫馨樸實的原木質感!圖片提供◎藝念集私空間設計

160 **讓自然光鍍上時尚感** 白色的木地板、天花板間接燈源,塑造出明亮沉靜的臥房空間,並搭配珍珠白的馬賽克拼花牆,以及黑色窗簾、超白烤漆玻璃,增添時尚感。圖片提供◎福研設計

161 **蜜月般的新婚住所** 以蜜月之旅為想像,落地窗採用竹製的黑色捲簾,讓台灣亞熱帶的陽光多了一點柔和感,隱約映襯出陽台的白水木,而手工牛皮編織的雙人座椅、實木邊桌,以及籐籃造型的嬰兒床,讓空間充滿浪漫與愜意。圖片提供◎寬月空間創意

162 **簡中見繁的清爽橡木風** 運用大量的白色與木色,力求簡單清爽的設計,而橡木集層素材成為臥房空間最大表現主義,從入口處的大型櫃體,一路往窗邊延伸的地板,甚至於窗邊的T字型桌面與支撐立板,皆採用同種木料,就連床架也不例外,簡中見繁,繁中窺簡,成為空間特色。圖片提供◎珥本室內設計

細節PLUS 為了避免讓黑色衣櫃顯得太過沉重，捨棄單一主牆的跳色手法，且反而會使空間有被分割的感覺，變得更狹窄。

細節PLUS 不論是面板開關，抑或是繃板、軟件，皆選用中性色彩基調作為詮釋，除了呼應氛圍之外，更賦予空間更高的包容性，未來替換也十分好搭。

細節PLUS 主臥依使用功能規劃成三個主要區域，順著動線先進入按摩室及衛浴，然後才正式進入主臥，以劃分區域的設計，維持寢區不受干擾的寧靜睡眠。

163 **沉穩協調色系提升質感** 從飯店質感予以延伸，主臥房特意選用偏灰藍色系鋪陳牆面，並從床頭延伸至窗邊、電視牆，再搭配深色衣櫃更融入與協調，而黑色床架與藍色寢具、灰色窗簾的運用，也讓空間簡單卻富有層次。圖片提供◎存果空間設計

164 **復古工業感格調** 對工業風情有獨鍾，卻又擔心空間過於沉重，設計師以純白色調為基礎，透過傢飾軟件的色系與材質鋪陳，包括床頭採取灰色繃板、線條鮮明的壁燈加上黑鐵床邊櫃的搭配運用，成功轉化為具溫暖的復古工業風。圖片提供◎甘納空間設計

165+166 **精緻材質描繪臥房細節** 屆齡退休的屋主，相當重視寢居的休息功能及品質，臥房以簡化的線板勾勒出優雅古典的線條，淡雅清爽的灰藍色調呼應屋主俐落不拘小節的個性，床頭絨質繃布、鈦金勾勒的邊框等細節，感受利用材質營造出的精緻質感。圖片提供◎欣磐石建築‧空間規劃事務所

167 **溫潤質感材質營造柔和放鬆臥房** 屋主偏愛溫暖舒適的臥房氣氛，因此大量採用溫潤的材質來搭配，大量的衣物收納則安排在床尾的大衣櫃，並以鈦金屬勾勒門板邊緣提升質感，門板寬度與床頭直向線條相呼應，型塑出和諧一致的整體感；由於屋主在臥房沒有閱讀的習慣，只在床頭牆面搭配固定式壁燈來提升照明。圖片提供◎欣磐石建築‧空間規劃事務所

168 **對稱語彙、碎花壁紙勾勒美式風** 以美式溫馨的居家作為訴求，主臥房床頭完美納入美式風格的對稱精髓，並選擇碎花壁紙貼飾，中間部分則是搭配白色皮革打造格子造型繃板，輔以間接光源的烘托之下散發浪漫氣息。圖片提供◎法藝設計

169 **保持睡眠寧靜獨立各區使用功能** 臥房以間接光源營造微暗的睡眠氛圍，床頭刻意搭配兩種不同燈具，右手邊靠近梳妝檯的部分，安裝可調整角度的工業風燈具，因此能同時支援化妝及閱讀需求，左手邊則以紅色造型吊燈，為無色彩的空間注入鮮明焦點。圖片提供◎奇逸設計

細節PLUS 臥房延續公共空間所使用的米黃大理石色感，選用淺可可色調的木素材、織布及皮革材質，利用材質的柔和觸感營造令人放鬆的寢室氣氛。

細節PLUS 古典、鄉村風格很常利用壁紙創造溫馨氛圍，如果是選用帶有花卉、植物等圖騰，建議最多不超過兩面牆，避免花色過於繁雜。

細節PLUS 臥房力求整體空間完整的功能，因此將
更衣室規劃在床頭後方劃分出一個獨立的空間，衛
浴則緊鄰在旁，動線的安排更為流暢。

細節PLUS 床頭牆面以深灰色繃布創造垂直線條折面，並在床頭兩側的內凹折面設計間接燈光，提升臥房的精緻質感及氛圍。

170

將木皮靈活地貼飾在各柱體的正面或側面上，使其與灰、白色交錯跳色更顯生動，而綠色層板與麋鹿掛畫也成為風格關鍵元素。

170 精緻織布材質打造飯店風格臥房

臥房以飯店式風格概念打造，因此將更衣室另外獨立出來，保持寢臥區睡眠休憩的功能，整體空間以暖灰色賦予沉穩寧靜的氣氛，並大量運用布織品的使用比例，像是床頭牆面的繃布、床尾長凳及細緻絨毛地毯，都傳遞出安撫身心的氣氛。圖片提供◎尚藝室內設計

171 迷霧林間的北歐靜謐風格

整個臥房充滿了木質、白與灰階色調，除了灰色漆牆與染灰調的木地板為空間暈染出迷霧般的氛圍外，電視牆的設計利用櫃體、柱體與門片等垂直線條，營造出森林中深深淺淺的林蔭樹影意境，讓臥房展現寧靜美感。圖片提供◎逸喬設計

172 丹寧色復古風席捲主臥

擅長工業風格的法蘭德室內設計為屋主打造獨一無二的運動LOFT宅，主臥房以令人眼睛為之一亮的牆面設計創造吸睛焦點，木工訂製的丹寧色木料配上特殊水泥塗料壁面，藍灰色主題由入口延伸成為更衣間，打造年輕、充滿個性感的仿舊工業特色。圖片提供◎法蘭德室內設計

更衣間門片銅扣其實是木工師傅打造而成，維妙維肖的設計細節，不僅讓整體氛圍加分，也解決金屬表面氧化問題。

173+174 清爽配色打造地中海調性的美式風格

注重生活品味的屋主喜愛現代美式風格，設計師將美式風格的對稱原則注入臥房之中，睡床左右兩側以木百葉窗及床邊桌平衡視覺，黑色的床尾凳也為寬敞的空間落下重心，床頭板上特殊的照明設計，更是屋主在床上閱讀不可缺的好設計。圖片提供◎欣磐石建築‧空間規劃事務所

175 丹寧色調壁紙營造度假氛圍

呼應個性鮮明的年輕屋主，設計師特別挑選有點牛仔布感覺的藍色壁紙，搭配深木色床組，再加入相近色系的法式單椅，增加臥房的休閒氣氛，也營造出有如美國度假聖地漢普敦住宅的輕鬆愜意，同時流露出屬於大男孩的穩重個性。圖片提供◎尚展設計

176 主題壁紙、紅酒箱堆疊隨興工業感

當裝潢預算有限的時候，似乎只能選擇將重點擺在公共廳區的規劃，其實只要善用巧思，低預算也能擁有風格感強烈的臥房設計，以此案為例，設計師選擇主題、色彩強烈的行李箱壁紙貼飾床頭，加上紅酒箱改造的收納櫃化身邊几，成功創造隨興工業風氛圍。圖片提供◎法蘭德室內設計

細節PLUS 將原本要淘汰的舊傢具──紅酒箱轉換功能性，同時利用不經意的堆疊手法，是散發隨興的最大關鍵。

177　用紫羅蘭色揮灑華美幻夢　屋主喜歡紫色且物件多，於是以紫羅蘭色搭配私藏橘色和服替臥房聚焦，再選用深色、但線條較細的鍛鐵、原木傢具；既可創造華美浪漫氛圍，也不擔心粗獷造型破壞精緻感。淺灰色地毯讓濃郁背景變得輕盈，也創造留白餘裕。圖片提供◎原木工坊

178　在黑白畫布上光影嬉遊　長形格局男孩房採光充足且無畸零角；在床頭矗立一道染黑木板定調個性，結合深木色海島型地板，讓空間溢散簡潔穩重氣息。暖黃色系壁燈搭配可微調角度的嵌燈不僅可緩和陽剛，也與天光相互協作，變幻出更多樣的光影風情。圖片提供◎鼎睿設計

179　純白立面以光線帶出層次　一對年輕夫妻有兩個可愛的小嬰兒，臥房除了希望滿足照顧的需求之外，也希望呈現簡約溫暖的調性，因此，臥房顏色在立面及平面上作出對比，以深木色地板襯底，突顯立面的暖白色細節，一致性的白色線板、壁燈罩、床頭櫃，透過溫和的光線，流露出深深淺淺的光影線條層次。圖片提供◎尚展設計

180　陪伴小男孩好夢的百葉窗台　在空間有限的小男孩房中，設計師在窗下巧妙以櫃體做出窗台造型，不僅可以擺放照片、飾品，再搭配一扇折疊對開的百葉窗，更可以營造出到位的美式生活風格，另外，也可為不大的房間內爭取更多收納機能。圖片提供◎昱承設計

細節PLUS 軌道燈軌替天花增加造型，同時可利用燈光聚焦強化飾品質感。蠟燭吊燈堆疊出更多線條層次，並創造柔和與散射的光源效果。

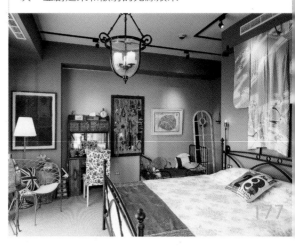

細節PLUS 地板材質刻意選用海島型木地板，除了吸濕防潮的效果較超耐磨地板佳，在整體的視覺上也更能襯托出細膩質感。

細節PLUS 臥房順著空間輪廓安置傢具，將嬰兒床安置在臥床旁，方便就近照顧，並以不同材質表現豐富的白色層次，厚實的床舖及床尾凳與深色地板使視覺感受完美平衡。

179

細節PLUS 淡雅的鵝黃色牆面與白色百葉窗的搭配呈現出溫暖質感，更棒的是，白色百葉窗遮掉原本建築的黑鋁窗，讓風格更完整。

細節PLUS 訂製一體成型的床架與床頭板，採以質樸水泥堆砌而成，衣櫃則選用玻璃佐木質，在建材混搭中創造冷暖平衡。

細節PLUS 右側的床頭櫃造型呼應左側櫃體，並直接延展成為梳妝檯的一部分，讓機能更完善。

181+182 **質樸細膩的空間美學** 整體概念回歸純粹本質，透過水泥粉光、木材、石材等元素，飾以簡約線板做立面細節裝飾，打造獨樹一幟、富有個性的Loft格調，並讓床頭兼具半穿透隔牆功能，使梳妝更衣、睡眠區保有連貫視野，亦做出適當的場域區劃。圖片提供◎璧川設計事務所

183 **黑白色譜出低調簡約** 床頭左側圓角而懸空的櫃體設計，讓以往作為小物儲放的抽屜顯得更具時尚感，而左側窗戶則使用黑色捲簾，延伸黑色烤漆玻璃的調性，讓主牆面更具有完整性，連續性的設計思考讓空間線條更加簡潔。圖片提供◎福研設計

184 **以簡飾繁，古典端莊的底蘊** 空間摒棄過於複雜的肌理和裝飾，揉入古典且醇厚的當代文化底蘊，透過百葉門片的對稱設計，將機能美形化，並以細柔燈光微作妝點，展現精雕細琢的比例與工法，中央陳設傢具與飾品形構焦點，營造美好端莊的端景畫面。圖片提供◎L'atelier Fantasia 繽紛設計

185 **製造歡樂的色彩** 為了兼顧安全考量，設計師運用大量的粉紅色軟包，塑造出女孩房特色，並且以階梯狀書櫃取代條梯，增加兒童上下的穩固性，鋪上抱枕，就變身為閱讀角落；除此之外，更點綴綠色圓形把手、彩色燈具，塑造兒童房特有的歡樂氣氛。圖片提供◎福研設計

186 **地中海風甜蜜角落** 女孩房主牆面用藍色壁布定著色彩印象，下方再環繞繃布軟墊強化顏色層次。白色壁紙不僅增加了清爽感，也藉線條延展與球型吊燈相互輝映，活潑了空間氣質。此外，設計師善用內凹格局環抱床位，則使臥房增添了祕密基地般的設計樂趣。圖片提供◎鼎睿設計

187 **簡單生活中最奢華的小確幸** 架高的床架因為落地窗為陽台出入口的關係，呈現不規則狀，但面對窗戶的斜面反而有了日式臥榻的舒適感覺，端坐在這兒吹風看景，會是最愜意的生活享受。沉穩的海藍色與淺木原色明暗間展現簡單純粹的生活質感。圖片提供◎大湖森林室內設計

188 **如美式莊園的大地色調** 斜切閣樓的屋頂造型與比例完美的長窗設計，不同於國內住宅過於制式的格局，讓人一進房內就有如置身美式莊園中的錯覺，尤其搭配細緻簡約的白色線板、壁板與踢腳板等風格語彙，圍塑出放鬆、靜謐的質感空間。圖片提供◎昱承設計

細節PLUS 除了用深咖啡色海島型地板穩定空間外，從牆面的壁布、軟墊到木皮顏色皆融入灰來調和，增加整體視覺舒適度。

186

187

細節PLUS 房間中並無主燈，天花僅有內嵌式投射燈，與床頭柔和明亮的鹽燈完全搭配，展現靜態的睡臥氛圍。

細節PLUS 白色空間基底中，先以木地板與傢具搭配花色壁紙來營造自然感，而芋香色牆與香檳色床罩則增添典雅貴氣。

188

細節PLUS 溫暖的灰色與品牌傢具的簡單陳設,以及斜屋頂的造型設計,鋪陳出時尚、休閒的度假居所。

189

細節PLUS 採用深色木質降低臥房彩度,達到沉靜氛圍,而小木屋天花和窗花設計,讓峇里島的風格語彙展露無遺。

190

細節PLUS 將壁爐安裝在位於空間底端的主臥,使壁爐透過廊道成為空間端景。

細節PLUS 參考了國外新古典華麗風格,在櫃體線板上大膽玩出色彩與線條強烈設計,創造十足浪漫氣息。

189 **退休夫妻專屬的時尚混搭居所** 長期旅居國外的夫妻倆,令人羨慕的是四處為家的愜意退休生活,因為喜愛一望無際的開闊視野而買下這間老屋,因此全室格局大搬風,臥房挪移至較無景致的內部動線,並運用百葉摺門作為房門,可彈性調整完全隱蔽或穿透,保有空間的寬敞與串聯。圖片提供◎奇拓室內設計

190 **迎入綠意的峇里島** 由於屋主希望臥房能呈現濃厚的峇里島度假氛圍,因此將主臥挪至臨陽台花園的一側,主浴則介於臥房與花園作為緩衝之用,運用大面積的拉門迎入戶外綠意,同時塑造出小木屋般的木天花,再透過手工訂製的四柱床營造高雅的悠閒氣息。圖片提供◎摩登雅舍室內設計

191 **臥房壁爐成為空間廊道端景** 為了提升臥房明亮溫暖的氛圍,設計師不但增加布織品的比例,除了以暖灰色的窗簾,以及帶點華麗質感的絨質床頭,以及緞面繡布的床頭牆,加上壁爐的陪襯都表現出臥房低調華麗的特色。圖片提供◎尚展設計

192 **宮庭規格的華麗天地** 關於「華麗」的演繹手法,可以是金碧輝煌,也可以是雕樑畫棟,設計師藉由此間臥房襯托女主人新婚燕爾的幸福感,以典雅深邃的桃紅線板描繪出幸福而別緻細膩的貴族氣質,搭配另一邊的橫紋牆面以及經典傢具,完全展露屬於新古典華麗的風格美感。圖片提供◎大湖森林室內設計

193+194 理性線條打造飯店式臥房風格

臥房以理性利落的線條營造都會飯店風，床頭背牆以裝飾櫃隱藏天花樑，並將造型延伸至右側衣櫃，床頭牆面則以銀狐大理石呈現精緻度，並刻意以左右不對稱的設計點出設計巧思，同時利用天花樑與牆面距離設計間接光，在理性的線條中增添柔和氛圍。圖片提供◎欣磐石建築‧空間規劃事務所

195 以灰與金搭配低調奢華

臥房延伸屋主喜愛低調奢華的設計，因為是睡眠空間以沉穩的灰色為主調，展現設計質感，並能安穩入眠。櫃體則以灰綠色搭配金邊嶄露現代古典的優雅，連結衣櫃的一側則是隱藏浴室入口，化門片於一體。圖片提供◎伏見設計

196 用灰蔓延輕古典華美風情

屋主喜歡輕古典風格，主牆利用線板框圍視覺中心勾勒優雅，輔以對稱手法讓空間氣質更顯端莊。床頭以淺灰烤漆創造靜謐感，再用兩盞水晶壁燈增添貴氣。垂墜的深灰落地簾藉布質帶來柔美氣息，也讓整體畫面更具深淺層次。圖片提供◎晨陽設計

197 搶眼壁紙型塑活潑英倫風

屋主希望呈現活潑的英倫風，因此設計師選擇在床頭背牆貼上壁紙，刻意選擇淡雅色調，避免因為活潑的圖案而失去睡眠空間應有的寧靜感，選擇以深色木地板與木質傢具做搭配，替以淺色為主的空間注入些許穩重與溫潤質感，最後以屋主挑選的寢具配件，讓整體英倫風更為到位完整。圖片提供◎賀澤設計

細節PLUS 床頭櫃以玻璃飾以金邊，奢華中帶有當代風格。

細節PLUS 空間色調以「白、淺灰、深灰」層層堆疊；既可增加配色生動，又因採光良好，灰的渾沌反而更能突顯內斂卻不清冷的視覺感受。

細節PLUS 考量到臥房是休憩空間，因此選用有規則排列的圖案，並利用顏色淡化壁紙帶來的強烈視覺效果，以兼顧空間原來期望營造的活潑與紓壓效果。

細節PLUS 床尾規劃大面拉門式衣櫃，爭取較為寬敞的空間尺度，深色木皮的選材，為空間增添豐富的層次效果。

細節PLUS 雖然以法式鄉村風格作為定調，但卻不以印象中碎花圖案及瑣碎裝飾表現，反而以柔和的顏色和風格鮮明的睡床呈現風格主軸，呈現優雅大器的調性。

細節PLUS 床頭的吊燈，除了有照明功能，藉由玫瑰銅金屬元素豐富空間元素，增添空間溫暖調性，其餘光源規劃在兩側，則營造出讓人放鬆睡眠的氛圍。

細節PLUS 採用紋路較淡的橡木作為白色的整體搭配，強調自然質感。

198　**簡約洗鍊線條打造現代個性風**　多數新成屋都會因為建築結構、格局限制的關係，很常發生床頭上方有大樑的問題，以此案為例，設計師將天花作出傾斜設計，再搭配復古白磚主題的壁紙與兩側吊燈的運用，化解床頭壓樑的不適，加上強烈的風格傢飾，展現個性十足的空間表情。圖片提供◎奇拓室內設計

199　**簡化線條及圖騰呈現大器鄉村風**　設計師為個性浪漫的女主人，佈置一間夢幻粉色的法式鄉村風臥房，床頭以對稱形式的白色線板調和色感，左右再以美式風格不可或缺的壁燈點綴裝飾，另外由左側獨立進入的更衣室，坪數幾乎和臥房大小相同，藉以保有寢區整體風格完整性。圖片提供◎尚展設計

200　**結合織品，營造臥房溫柔主調**　由女屋主主導的主臥風格，以乾淨的白色作為底色，並藉此型塑空間的極簡、乾淨基調，只簡單在背牆選用亮眼的Tiffany藍，成功在素白的空間製造驚喜亮點，織品延續背牆色系，搭配豐富花色，巧妙點綴空間也注入織品特有的溫馨氣息。圖片提供◎日作設計

201　**隔絕複雜只保留純淨**　以清淺自在的草根意象作為發想，房間中運用大量原木材質，搭配純白傢飾，盡顯自然活的底蘊，特別的是設計師以帶有紋路的貼紙妝點玻璃隔牆，將房間中易雜亂的衣帽間作不完全的切割，保留了空間中的寬闊與房間的純淨，打造全然無壓的舒適寢室空間。圖片提供◎金湛空間設計

202+203 大器設計盡展帥氣本色

放肆的石材紋路讓人一踏進這裡便難以忘懷，設計師顛覆一般臥房概念，把華麗的石紋肌理帶入空間中大面積延伸，構成強烈的視覺意象，床頭背牆則回歸適切生活語彙，繪上房間主人的哈士奇畫像，完美接合了兩種截然不同的質感。圖片提供◎懷生國際設計

204 巧妙色彩搭配增添臥房氣氛

單純的臥房設計以顏色來表現特色，床頭牆面及窗簾選用中性色調打底，鋪陳出溫馨舒適的睡眠情境，陽光充足的窗邊則安排一張暖色系的一字型沙發，使夫妻在臥房內能以最自在的方式共處，也多了一份愜意的休閒感。圖片提供◎尚藝室內設計／軟裝規劃◎林安妮藝術設計事業有限公司

205 動物圖紋及色調表現裝飾藝術風格

屋主本身喜歡簡約帶點奢華的裝飾藝術風格，因此臥房以色調及鮮明的圖紋表現裝飾藝術風格調性，選擇較低調神秘的暖灰色及灰紫色營造氛圍，同時也以裝飾性強烈的圖騰鋪陳出主軸；臥房格局採半開放式設計，將睡床安置在一道牆面之後，透過路徑的轉折，減少睡眠被干擾的機會，繃布床頭也增加精緻奢華的感覺。圖片提供◎尚展設計

細節PLUS 更衣室以不規則多邊形拼接牆面，突顯我行我素的個性風格。

細節PLUS 在耐看的中性色調之中，利用對比色系的寢具及地毯，點綴出活發明朗的氣氛，床邊桌也特別選擇有機造型的吊燈及桌燈裝飾，為簡單的空間增加一點趣味。

細節PLUS 走進臥房就能看到整面衣櫃門片，以有如非洲動物皮紋的圖騰裝飾，襯上灰鏡反射臥房樣貌，使紋理層次更為豐富。

細節PLUS 床頭以紋理明顯的灰色文化石鋪陳，並在周圍打上間接燈光，強化石材的紋理表現。

206

207

細節PLUS 在寧靜的灰藍色空間中，橡木洗白的木質地板與裝飾柱體有助於為空間加溫，進而更能襯托出簡約法式線條傢具的優雅。

暖色空間搭配顏色厚實的四柱床及收納邊櫃等傢具，以簡化形式及色彩呈現殖民風格特色。

206 **粗獷材質表現大男孩個性** 以皮革、不鏽板、石材等較粗獷陽剛的材質，及深色沉穩的顏色來表現屬於大男孩的臥房，配合屋主興趣在書桌轉角牆面，以不鏽鋼訂製生存遊戲空氣槍的置放位置，馬鞍則成為取代床尾凳的裝飾品增添個性，最後以金色方形吊燈點綴，讓粗獷與精緻材質形成衝突美感。圖片提供◎尚展設計

207 **愛上人文色調與婉約線條** 臥房主牆因對稱橡木洗白的典雅柱體，以及飾以白色線板的浪漫灰藍色牆面，讓空間畫面呈現出法式人文質感。但其實床頭左側原本有突兀的結構柱，為化解問題格局決定以左右虛實對稱的收納櫃設計，形成風格主牆。圖片提供◎昱承設計

208 **混搭新舊傢具表現臥房特色** 從國外回國定居的屋主，希望將臥房融入些許的殖民風格，在簡約的空間架構下，完美混搭屋主的新舊傢具，高腳凳也能成為放置在床尾的置物處；將窗框更改為木百葉，藉以調和出柔和的光線。圖片提供◎尚展設計

209 **蒙布朗栗色的鄉村小窩** 在這一片鄉村風的情調下，設計師選擇色彩較為中性、明度較低的偏灰暖色調；以簡單的白色層板匯聚背牆視覺焦點，更善加利用空間本有的優勢，完整保留了一望無際的整面落地窗景，清爽的彩度搭配完全打造屬於蒙布朗栗色的鄉村風居所。圖片提供◎浩室設計

不同於一般鄉村風居家普遍採用偏橘黃的色彩，刻意選擇的冷色系牆面烘托原木色的自然質感。

210

210 運用天然材質，打造療癒和風空間

屋主希望將臥房打造成日式空間，因此設計師首先在腰牆及天花以檜木做拼貼，利用大量天然木材圍塑質樸的和式空間印象，並藉由從檜木自然散發的香氣，營造讓人放鬆的療癒氛圍；至於不融於風格的鋁門窗，則以日式傳統幛子門修飾，並植入和式風格元素。圖片提供◎日作設計

211 簡單清爽的迷人北歐風

這間房子座落於河濱公園旁，整體設計走的是北歐混搭風，將淺色系大量運用在牆面上，黑色則是重點式的點綴，因此，主臥房以明亮的淺黃色為主題，簡單的木地板搭配黑色燈飾，創造出迷人的北歐風。圖片提供◎CONCEPT 北歐建築

212 極簡電視牆櫃展現複合機能

在略顯狹長的房間裡，先將格局由房門向內作橫向分配為櫥櫃、化妝桌區、以及寢臥區，並利用梳妝鏡來為中段床位做緩衝遮掩，而床尾則以複合式設計，將大量牆櫃結合嵌入式電視櫃滿足多元機能，也成就簡約現代風格。圖片提供◎森境&王俊宏室內裝修設計工程有限公司

211

細節PLUS 臥房雖然是配置系統櫃，不過仍根據屋主想要與眾不同的需求，利用把手的開口、端景櫃的設計，讓系統櫃也有獨一無二的表情。

213 靠窗臥榻帶來舒心自在

自然光隨著時空變幻、燈光自天花格柵流瀉，與簡潔的鐵件層板一同演繹空間中的線條，再以樸實木紋呼應自然光，整個臥房格局雖然簡單，卻能滿滿呈現屬於生活的溫暖氛圍。圖片提供◎禾光室內裝修設計

細節PLUS 整體配色以白色為主軸,搭配窗簾、枕頭等點綴式的黑色軟件,不僅展現經典風格,也為狹長格局舒緩空間壓迫感。

細節PLUS 緊鄰書桌的窗邊臥榻成了房間中可坐可臥的自由所在,高運用彈性也讓房間更多了貼心機能。

細節PLUS 在極深色的背景中，混搭色調的地毯讓空間有了跳躍與舒緩的視覺感受，而床上寢具配色與橘色抱枕也發揮關鍵效果。

214

細節PLUS 床頭背牆選用進口木紋壁紙，對應空間材質調性，又能做出微妙視覺變化，廊道則採用淺色螢梨木貼皮，並在表面做耐刮特殊處理，確保使用率高的廊道能維持美觀。

215

細節PLUS 更衣室門板以線板規劃和衣櫃同樣的裝飾，隱藏門片讓整體牆面更為協調。

216

細節PLUS 臥房牆面宛如甜甜圈造型的掛飾，不僅造型活潑充滿個性，可掛衣物的設計與繽紛色彩也讓空間充滿北歐風情。

217

218

細節PLUS 避開床座上方將燈光安排在兩側，最多以床頭燈加強，利用微暗的光源規劃，營造舒眠且讓人感到放鬆的空間氛圍。

214 **在深沉色調中孕育華美質感** 臥房以濃黑色主牆與深色地板做低調背景，放入現代的造型床架，再搭配單椅及寬幅大窗，並聚焦於古銅吊燈，所有物件恰到好處。圖片提供◎森境&王俊宏室內裝修設計工程有限公司

215 **打造輕調木質無印系空間** 為了充分感受陽光在空間裡流動的感覺，採開放式設計，讓臥房可以盡情享受大量自然光線，隱私需求以靈活性高的拉門因應，收納需求則收整在廊道下方的收納空間；回應空間強調的穿透感，大量的白色搭配淺色木紋，型塑簡潔卻不失溫馨的的空間調性。圖片提供◎蟲點子設計

216 **內斂古典的精緻設計** 主臥空間以黑、白色調為主，純白色的衣櫃以典雅的線板作為裝飾。黑灰白的直線壁紙為床頭主牆，襯托著床頭兩旁的水晶吊燈，黑底白色圖紋的窗簾，呼應整體空間，呈現黑與白質感的層次。圖片提供◎禾光室內裝修設計

217 **繽紛活潑的北歐風情** 不喜歡花俏的陳設，偏好簡單的設計，因此設計師特別以明淨舒適的北歐風作為基調，利用大地色系為顏色的主軸，選用大量黃色元素鋪陳，並連結至臥房壁面，讓北歐的繽紛活潑蔓延在屋子的每個角落。圖片提供◎CONCEPT 北歐建築

218 **淺藕色營造臥房舒適主調** 將多餘機能移除只保留單純睡眠功能，並在牆面刷上淡淡的藕色，淡化時尚卻過於對比讓人無法平靜的黑白配色，對於被大量引進的自然光線也有柔和效果，讓空間在保留明亮感的同時，也能營造適合睡眠的沉靜氛圍。圖片提供◎睿豐設計

219 細緻優雅的巴黎式美學 主臥場域寬敞，與客廳呈現1:1的對等面積，並佔據全室採光最優的地理位置，從窗戶走出去就是充滿陽光與花草的戶外露台，同時給予簡約優美的床頭板線條，和床頭燈共同營造優雅氣質，彰顯巴黎式的生活美學態度。圖片提供©L'atelier Fantasia 繽紛設計

220 製造浪漫光線的燒花簾 利用空間的高低區分休憩區與睡眠區，清玻璃隔間避免空間因切割而顯得狹小的問題；床寢週邊利用天花板軌道懸掛法國進口的燒花簾，一來作為空間區隔，二來可使光線透過燒花簾閃爍出浪漫光影，增添唯美氣氛。圖片提供©寬月空間創意

221 獨特色系與圖騰彷彿置身不同國度 將喜愛的圖騰以大圖輸出方式呈現，花卉帶了點朝氣，淡藍色則又給人和平而靜謐的感覺，平衡整體室內效果，其美麗的畫面也讓人彷彿置身於不同國度中。圖片提供©陶璽設計

222 黑白佈置的摩登對話 純然白色調的空間，局部點綴深色物件更能強調出空間的立體感，例如棋盤格紋邊櫃、白色燈罩下的黑色鐵件，以及襯托白色床架的木邊桌等。而大量聚集黑色物件的不鏽鋼皮革沙發區，黑色紋樣的抱枕與毛地墊，讓休閒區域有自成一格的摩登感覺。圖片提供©近境制作

223 木素材呈現溫潤又質樸的自然味 睡眠空間裡使用大量的木素材，帶有獨特的色澤、肌理，增添了不少自然活力。而床頭牆本身含有收納功能，在把手上搭配黑色系五金，跳色讓視覺更有變化。圖片提供©陶璽設計

細節PLUS 床頭牆以細緻壁紙貼飾，與床具軟件相互呼應，型塑輕柔的淺色基調，並融入少許黑色，強調視覺立體度。

細節PLUS 以燒花簾取代固定隔間，更能有效釋放空間感，也讓空間更為柔和。

細節PLUS 由於牆面、寢具的色系均已很清晰，為了不搶走風采，像是櫃體、窗框、床頭板等皆以米白色來做勾勒。

221

細節PLUS 床頭強面貼飾淡雅的菱格紋壁紙，增添溫暖暖柔和的氣氛。

222

細節PLUS 空間中的燈飾以嵌燈為主，藉由投射出柔黃光線，替環境營造出放鬆的效果。

223

224

為了減少傢具屏障，面盆區的鏡面捨棄傳統寬大尺寸，改以直立設計，造型、比例可與建築外牆的鋁窗形成前後呼應。

選擇白色風琴簾作為中式風格座榻與茶几後的背景，不僅讓屋主可隨晨昏變化來調整光線與視野，也與 L 型窗外的欄杆更無違和。

224 **溫潤木質調的休閒風** 採光極優的空間，若被門片遮擋就過於可惜，順勢以屋主喜愛的峇里島風為靈感，將原本的臥房門片以格子拉門做設計，具有遮擋效果又不失其穿透感，並完全採用木素材打造，呼應風格元素，也增添峇里島渡假氛圍。圖片提供◎日作設計

225 **享受大面海景渡假房，無價！** 在以渡假為主軸的房間，格局自由度要多一些，空間規範可以少一點。為了讓房內每一區都可享受解放身心靈的大海景，衛浴區採以玻璃隔間，與移出設計的面盆區同樣都能面觀大海，而床組傢具也配合作不遮景的低檯度設計。圖片提供◎森境&王俊宏室內裝修設計工程有限公司

226 **窗台座榻帶來生活小確幸** 利用窗邊的建築格局，巧妙地安排 L 型座榻，為這間位於城市高樓建築中的臥房增添戶外觀景台。而在簡約西式風格中，設計師刻意地加入一點東方元素，讓窗邊座榻中間擺上中式矮几，屋主可在此品茗、聊天、看風景。圖片提供◎森境&王俊宏室內裝修設計工程有限公司

227+228 工業風性格由傢具展現

八角居家空間的一隅為男孩房,設計師從高中男孩所擁有的物品:球鞋、滑板、籃球、棒球等等思考適合他的舒眠空間。最後設計方向以工業風為主軸,將收購的老件、特製的鐵製衣櫃、搭配軍綠色單椅、輔以鐵鑄茶几,工業風性格由傢具展現。圖片提供◎瑪黑設計

229 冷光與暖感伴隨氤氳夢醒間

毛絲紋不鏽鋼板鋪陳於天花板與主牆,靜靜地反映出柔冷、深邃光芒;同時側牆與地坪則選以木質與地毯等暖材質,架構出鋼性卻內斂的品味;最後藉由重點式間接光源加以整合,營造出氤氳空間中的明暗層次及理性氛圍。圖片提供◎近境制作

230 優雅線條展現美式風格

美式風格,其主體架構源自於早期的英式古典,強調飾與襯,連貫於天地壁的寬幅線板與飾板圍塑出一個居住空間的柔軟,此臥房空間以多種地坪材質來區劃使用機能屬性在腳底觸感上感受空間的轉換,並施以溫暖的大地色彩,有別於純白色調的空間的冷與俐落,空間的溫度被均勻的包覆在每一個角落且不會有壓迫感。圖片提供◎大晴設計

細節PLUS 牆面採用斑駁有如破舊木材的壁紙,完整工業風形象。

細節PLUS 將拉絲紋不鏽鋼板經過曲面與比例分割的安排，讓天花板與牆面呈現時尚線條感，加上適度的光線反映更顯細膩。

細節PLUS 牆面及天花以企口飾板拼接、線板收頭，展示美式風格的優美線條。

231+232 自然色調營造北歐輕鬆調性

屋主有風水考量，不希望衛浴正對睡床，因此利用一道 L 型牆面界定出睡眠區域，並且將衛浴及更衣室以隱藏門設計統整於牆面之中，湖水綠、暖灰搭配淺色木櫃，傳遞出靜謐溫馨的北歐調性。圖片提供◎寓子設計

233 邀請大自然入室

屋主是留日歸國的夫妻，喜歡平淡而安靜的日式生活，於是設計師以「住宅的邀請」為概念，將居者與大自然邀請入室，延續此概念入臥房，大片落地窗帶來良好採光，而簡潔線條與深淺木素材搭配出日式簡約感，雙層天花遮樑並能調整風口不直吹人。圖片提供◎開物設計

234 角落單椅區化為美麗端景

狹長且夾帶四分之一弧形的臥房格局，透過創意與縝密規劃，竟能翻轉為特色獨具的情境臥房。首先，將床位定位於長形格局左側，並沿著外牆規劃電視牆與收納牆櫃來滿足機能，至於弧形落地窗區則規劃為沉澱心情的單椅座區。圖片提供◎近境制作

細節PLUS 臥房收納部分統一採用淺木色木材表現，床邊釘上現成的格子櫃，取代床頭邊桌功能，能隨手擺放鬧鐘、手機等小物。

231

232

細節PLUS 床頭檯燈葉片式的簡約設計呼應空間，並以三層調光營造日式情調。

細節PLUS 厚實電視櫃與櫥櫃除了能提供更多收納機能，搭配大理石檯面則更顯器度 與質感，而單椅區因弧形格局讓視覺更聚焦，形成美麗端景。

細節PLUS 電視牆兩側內凹為男主人的工作書桌與女主人的梳妝檯，為了不使感受突兀運用內縮空間並四周做燈光，光源來自四方，便利閱讀與梳妝，也令視覺平整。

235

236

細節PLUS 室內採光相當良好，光線投射到室內，映照在色系上，又再帶出層層的色澤變化。

238

23

235+236 以新古典描繪浪漫度假宅

在這間度假宅裡，因為屋主只有週末才來住，設計師將主臥設計成飯店的行政套房，讓夫妻倆人假日來此休閒時能有如到飯店般享受。地坪選用複合式木地板並採用人字拼營造歐洲風情，因為紫色是兩人的幸運色，床頭繃布與窗簾皆選用紫色，不僅浪漫也能為兩人帶來好運，而電視牆以立體凸面則與床頭兩側相互呼應。圖片提供◎藝念集私空間設計

237 一片淡紫色，一種小清新

臥房空間以床頭牆為主軸，漆上淡雅紫色做鋪陳，寢具同樣延續色調，但稍微再加深一點，彼此共同帶給人寧靜、沉澱之作用，也充滿著小清新感受。圖片提供◎拾葉建築＋室內設計

238 混搭風格打造自我個性

具有想法的女屋主親自挑選傢具，因為喜好的品項，風格不盡相通，此時就仰賴設計師做整體規劃了。為了不使沒有床頭板的黑鐵鍛造床架顯得單薄，設計師將牆面漆上灰咖啡色，並使用黑色壁燈延伸一致的風格感受。而為了使白色古典梳妝檯不會覺得與空間格格不入，梳妝鏡就占了重大的角色，具有兩排燈泡串的大鏡面串聯整體個性。圖片提供◎澄橙設計

239 粉藍與白的鄉村風情

以粉藍與白色，搭配出小孩房純然放鬆的可愛質感。床架的白色線板與同色木地板，勾勒出精巧的邊界與觸感，除此之外，傢具軟件的選用，無論是色調或是線條上，都一再彼此呼應，讓空間整體感再加分。圖片提供◎珥本室內設計

細節PLUS 綠景由外延伸入內,木質天花與地坪相呼應行成德式鄉村宅。

240

細節PLUS 配合屋主使用習慣及空間狀態,沿牆面以衣櫃打理大量收納需求,隱閉式的櫃體設計,使衣物完全收整於櫃體中,使臥房顯得整齊有條理。

細節PLUS 牆面、地板與傢具雖都是木質，但因些微色差與木材不同而有層次感，尤其床背主牆將木板作不等寬距的拼貼，為牆面創造細膩線條感。

240 **都市裡的德國小木屋** 來自德國科隆的屋主，設計師納入大量屬於屋主故鄉的元素，室內可見大量木元素、紅磚與翠綠植栽，並延伸至臥房空間，大開窗望出原是難看的防火巷，設計師破除屋案原先劣勢，利用陽台空間種植大量綠色植物，為以木材質為主軸的主臥帶來滿營度假般的鄉村氣息。圖片提供©KC design studio 均漢設計

241 **經典碎花圖案呈現浪漫鄉村風情** 為了實現個性浪漫的屋主期盼，設計師以簡化的線板設計整面衣櫃，搭配木質百葉窗及古典造型傢具，最後以粉色花紋壁紙及小碎花寢具，完整的呈現屬於女孩的夢幻鄉村風格。圖片提供©寓子設計

242 **絕對光線條創造了絕對的美** 突破了傳統牆界形式以及窠臼的主牆印象，設計師在臥房床頭以壁布做出簡約質感的鋪陳，並在牆與牆之間的筆直線條上，挹注流暢柔和的光暈，使原本因牆而受阻的視線有了更多的撫慰與想像，塑造輕盈美好的休憩時光！圖片提供©近境制作

243 **木牆VS.光影，等於美好生活** 捨棄繁複的材質與多餘的元素，設計師在這個房間內選擇將木皮以原始真誠的表情作鋪陳，透過木質本身的紋理與質地溫度，單純地與自然光影做深層溝通，希望能為屋主營造出更純淨而無干擾的生活畫面。圖片提供©森境&王俊宏室內裝修設計工程有限公司

細節PLUS 淡粉色與白色為主調及細膩的雕花線板為空間增添古典風味。

細節PLUS 因空間色彩飽滿,利用量體大但造型簡潔的白衣櫃來當作中介可舒緩視覺壓力。細腳小邊櫃則保留花紋,附和牆色所想呈現的華麗感。

244

245

細節PLUS 為了呈現出古典高貴質感,在木地板、窗簾布品與傢具色調上均選用較濃郁的深色調,更能襯托沉靜及尊貴感受。

246

衣櫃門片以清水模塗料，加上規律的分割線條，為空間打造風格。

247

248

選擇以深色百葉窗來銜接戶外景色，可避免大尺寸景框受到布質紗簾的遮擋，同時再視覺上也顯得俐落許多。

244 **延攬景色入內擴大視覺感** 擁有極佳景觀的臥房空間，設計師將化妝桌面向戶外，從一早起床梳妝開始即能讓陽光漾在臉上為一日帶來朝氣，優異的採光與淡粉色為主調的空間也無形擴大視覺感受。圖片提供◎伏見設計

245 **艷麗與隨興的衝突混搭** 以艷紫搭配亮綠輔以籐蔓燈點綴，一踏入場域就被濃厚異國風情給衝擊視覺。黑色明管竟大喇喇攀附樑上與同色氣氛燈呼應，工業風的隨興也不甘示弱攫取注意。衝突藉由簡化傢具線條與色彩握手言和，交融成獨樹一幟的個性天地。圖片提供◎原木工坊

246 **半開放更衣間創造長廊景深** 在這棟古典美式住宅中，別出心裁地採用半開放式更衣間設計，讓美式門板櫃牆呈現如長廊般的畫面；另外，床頭主牆則採以金底花色壁紙，搭配金銅古典壁燈及木質床架，呈現尊貴、古典的大宅風範。圖片提供◎昱承設計

247 **以風格換出空間感** 僅有兩坪不到的臥房空間，如何令人在內不感到狹窄難耐是設計的重點，設計師運用粉色作為主牆色，掛上幾幅畫作並搭上兩盞聚焦的吊燈與壁燈，以突出風格的方式，轉移空間狹小的缺點。圖片提供◎伏見設計

248 **簡約木牆·純淨生活** 為了讓採光更自由無拘，將主臥房窗戶改為落地窗，讓都會區中高樓層的綠意與樓景都能接引入室。而在室內則以全牆式的床頭木櫃，刻意營造簡單俐落的純淨畫面，搭配鐵件作內嵌設計的床頭櫃讓視覺聚焦，也可以擺飾小物。圖片提供◎近境制作

249 **凝聚北歐的溫馨氣息** 空間目前作為客房,待屋主有了孩子後,亦可作為兒童房使用,故多採用可彈性移動的品牌傢具,並在床邊放一座有趣的彩色路標裝飾,瞬間點亮視覺,營造帶有街頭感的年輕氛圍,一旁則將收納機能暗藏於牆,減少不必要的櫃體陳設。圖片提供◎北鷗室內設計

250 **粉色、紗幔讓空間更甜美** 寶貝女兒的夢幻公主房,滿室的粉紅甜美,最適合幼童的浪漫想像,搭配媽媽為女兒精心挑選的白色紗幔、牆面貼飾公主壁貼,妝點出濃濃的甜美女孩感,令人羨慕的是,女孩房也配置有獨立的更衣間,完善的機能規劃用到成人也沒問題。圖片提供◎福研設計

251 **木線條有條不紊地梳理心緒** 臥房依屋主需求規劃有睡寢區與閱讀寫字桌區,且以墨黑、染深鋼刷木皮與白色塊設色組成,和諧而靜謐的配色為不大的空間緩減壓力,而閱讀區簡化線條的桌櫃設計,搭配深色木百葉窗除迎來光影,也為空間增加層次內涵。圖片提供◎近境制作

252 **以深灰牆色渲染陽剛氛圍** 男孩房有對外窗可援引天光,於是以鐵灰油漆跳色型塑個性感,搭配鐘罩式玻璃壁燈強化陽剛調性。主牆色彩較深,邊几採用懸空式規劃降低壓迫感,並以平面的黑色橫條捲簾遮陽,既可讓光影變化更豐富,也更合符合俐落氣質。圖片提供◎晨陽設計

細節PLUS 床頭牆鋪陳鵝黃色的壁紙,搭上溫潤木地板的舖設、木作傢具的陳列,以及床頭燈的暖意妝點,凝聚整體的溫馨氣息。

細節PLUS 捨棄過於童趣感的造型設計,以色彩和傢飾軟件的搭配展現甜美感,日後若要轉變風格也十分彈性。

細節PLUS 在床背主牆先以鋼刷木皮做襯底，再由墨色壁布串接形成暖適的床背板，同時讓空間更顯沉穩，另外，櫃體與床單則發揮留白效果。

251

細節PLUS 顏色亮麗的藍白、抱枕和白色籐蔓花紋被單，透過尺寸、顏色的落差以及曲線纏繞都能讓畫面更立體生動，降低沉悶疑慮。

253 **設計語彙構築簡約美式居家** 空間以不造作又略帶都會個性的美式居家風格為主，以單椅的選配以及掛畫擺飾的鋪陳，創造出簡約舒適質感。牆面採用深藍灰色的木質面板搭配淺灰的床邊櫃，垂直與水平經緯線條交錯，勾勒出美式風格的輕鬆休閒氛圍。圖片提供◎森境&王俊宏室內裝修設計

254 **延攬峇里島Villa度假風** 位於都市中專屬度假使用的房子，延伸峇里島度假別墅印象，臥房天花板以木頭格柵天花板營造自然氛圍，將風光延攬進室內，讓一覺醒來便能沐浴在大自然的洗禮。圖片提供◎藝念集私空間設計

255+256 **以細節打造無印LOFT風** 因為屋主喜愛無印良品的風格，設計師將無印系的自然、簡單帶入臥房中，天花壁面以純白展現，營造舒服沒有壓力的舒適感。一整面客製系統櫃雖然是龐大量體，卻採用了淺色木紋門片，減少沈重視覺感受。而因為女主人喜歡無印風，男主人喜愛LOFT風格，設計師在空間中將兩者結合，以衛浴的深灰色壁磚調出工業氛圍。圖片提供◎澄橙設計

257 **造型層板燈豐富視覺效果** 此為男孩房，為了讓空間的設計能與小主人的個性相符，特地在牆面上配置了兩個書架層板燈，上方可以擺放展示品或書籍，同時也是房內的光源之一。而沙發使用了牛仔布，透過傢飾的選配讓空間性格更為鮮明突出。圖片提供◎奇逸空間設計

細節PLUS 床邊櫃線條貫穿深藍色牆面，視覺感官有連續延伸的效果，空間顯得開闊許多。

253

254

細節PLUS 透過特製的整片強化玻璃以及電動遙控的升降窗，讓戶外的水池與綠意美景毫無遮擋、盡收眼底。

細節PLUS 客製系統櫃淺色木紋系統門片使用密集板材，不僅好清理，也不易因為撞擊而受傷。

細節PLUS 床頭側邊選用造型獨特的燈具，光源向上投射，搭配床頭板的間接照明規劃，空間更有氣氛。

258 **壁板、古典線條延展美式空間** 雙拼的透天住宅，將全家人的臥房通通集中在二樓，在承重牆無法變動的情況之下，勢必會產生走道空間，於是設計師利用拉門形式區隔兩間男孩房，當兩間臥房合併的時候，走道就變成孩子們的遊戲區域，清爽的藍白配色則是喜愛繪畫的孩子自行挑選，突顯空間個性。圖片提供◎福研設計

259 **黑色木百葉勾勒法式情調** 主臥利用包樑手法整合空調出口，同時藉天花落差圈圍出主牆範疇。空間採用灰褐色鋪陳並以古典線板銜接衣櫃門片床頭造型；創造整體感也擴展空間氣勢。黑色木百葉不僅讓場域光影更具變化，也勾勒出優雅修長的法式情調。圖片提供◎晨陽設計

260 **化畸零格局為深邃流暢動線** 面對畸零的臥房格局，設計師選定格局最寬敞區域來安排床位，再利用衣櫥空間等收納設計來修飾出流暢動線。浴室採用穿透玻璃隔間，讓自然採光得以斜灑進入，展現柔和溫潤的動態光感，也虛化了不規則牆線的空間問題。圖片提供◎近境制作

261 **充滿暖色溫馨的美式情調** 線板是美式空間重要風格元素，為了突顯白色線板，刻意採用明度較低的鵝黃色牆色，藉此強調線板線條，並帶來溫暖、放鬆感受；另外在床頭背牆鋪貼白色暗花壁紙，低調展現華麗感又能融入空間簡潔主調，而不顯突兀。圖片提供◎賀澤設計

細節PLUS 曾於美國居住的屋主偏好美式風格，利用壁板、櫃體些許古典線條等經典語彙帶出氛圍。

細節PLUS 樑下衣櫃採用隱藏式手法整合在牆面之中，藉由語彙相同的設計增加立面和諧感。而透過地坪大面積延展也讓大器更加升級。

260

261

細節PLUS 呼應空間裡的暖色調安排，光線也以黃光為主，並以壁燈、吊燈以及立燈等不同形式做光源安排，豐富光線變化，營造出睡眠空間的溫馨氛圍。

262 **優雅色調與圖騰壁紙營造現代鄉村風** 經過客變的夾層屋，屋主希望臥房能帶點鄉村風格，整體空間便以奶黃帶著點淺咖啡的霧鄉色呈現法式鄉村的樸實優雅，床頭為了避樑做了簡單的包覆設計，並貼上圖騰壁紙床邊再搭配古銅材質桌燈，簡單的利用燈飾為風格加分。圖片提供◎寓子設計

263 **彩繪玻璃繽紛空間容顏** 臥房以光影表現作為設計重點。床頭藉灰藍色花葉圖案壁紙營造清爽氣息，窗簾則以白色木百葉窗調度光線強弱。此外，用一道固定式屏風融入屋主喜歡的西班牙聖家堂彩繪玻璃意象，讓充滿回憶的彩色光影成為最佳空間點綴。圖片提供◎晨陽設計

264 **寧靜舒適，天空般的自由視野** 男孩房大面積揮灑設計師自調的淺藍色彩，更貼近居主心目中的清爽色調，並以同色系床單呼應，創造和諧的視覺層次，帶來海洋或天空的自由聯想，同時融入簡約的空間線條，搭襯造型鐵件床頭燈，展現爽朗的寢臥表情。圖片提供◎北鷗室內設計

265 **優雅細緻，演繹生活品味** 臥房挹注現代古典氣息，藉由窗戶導入明媚採光，並給予淺色主調，彰顯輕盈的空間感，床頭則採以壁紙鋪陳，簡化繁複的古典線板堆疊，改以具層次的線條表述俐落風格，搭配床頭壁板與傢具的溫暖布質，演繹細緻韻味。圖片提供◎橙白室內設計

細節PLUS 設計師以茶色玻璃劃分出更衣室，並安裝燈光使光線能透過玻璃營造氛圍，更衣室裡還隱藏了半套衛浴，提升了使用的方便性。

細節PLUS 彩繪玻璃是臥房焦點，周邊配色上就以清爽的藍、白做烘托，但透過規律的木窗線條與壁紙圖紋，讓光影投射時產生更豐富的層次感。

細節PLUS 床頭燈選用進口品牌燈具，俐落造型體現時尚風格，且為可夾式款式，並可隨時調整光照角度，讓使用上更為便利。

264

細節PLUS 床頭壁紙採用淺灰色調，無形中與衛浴牆面磚材、單椅布質的色彩相呼應，搭襯白色調的穿插，展顯優雅的底蘊。

265

266 **製造素雅的氛圍** 透過幾個簡單的手法，也可以讓客房相當具有質感，衣櫃貼上素雅的秋香木，並作為休閒空間的隔間，隱藏背後的推拉門，加上一致水平的地板高度與材質，讓屋主可以隨意調整空間的開放性。圖片提供◎寬月空間創意

267 **斜屋頂帶來綺麗想像** 為了順應建築物的形式，設計師選擇保留斜屋頂的造型，並以木作裝飾，搭配線條感優雅的黑色鐵件燈飾，展現出自然清爽的氛圍，加上大面開窗引進自然光，讓空間感更加開闊而舒適。圖片提供◎尚展空間設計

268+269 **化稜角為特色，打造舒眠場** 長形主臥空間畸零，在床頭又有根大樑，令人不知該如何是好，設計師卻化缺陷為特色，以北歐Loft風為設計主軸將房內凹陷之處置放床組，以定向纖維板作斜頂天花，運用壁燈與嵌燈投射溫暖光線，方塊幾何般的呈現不僅具設計感，更是創造舒眠場域。圖片提供◎澄橙設計

細節PLUS 選用橡木染黑環保木地板，將地板墊高處理，以區分出臥房的空間感，同時也可以免去床架使用。

細節PLUS 一般為了避免空間過於沉重，建議天花的色系要以淺淡為佳，較有擴大空間尺度的效果。

268

269

細節PLUS 北歐風格強調自然，簡單，色彩運用也是延續相同邏輯，因為屋主為空姐，設計師用天藍色為主色，連結使用者習慣的色系讓在臥房休息時得到放鬆。

270 **在臥房進行每日的心靈SPA** 手工牛皮編織的雙人座椅後，以實木手工打造的四柱床，加上輕盈的法國棉麻床幔，點上一小盞燭火，便能為空間營造出濃濃的度假氛圍，頓時讓人感覺十足放鬆，無論身體還是心靈都獲得療癒了。圖片提供◎寬月空間創意

271 **大膽華麗的濃情紅色系** 一般在歐洲才看得見這麼大膽使用壁紙的方式，以黑紅色系的華麗圖騰妝點整個臥房空間牆面，運用黑色床架、傢俱勾勒出強烈的對比線條，因為空間夠大，如此搭配在比例上的展現絲毫不影響臥房的空間感，也為女主人打造最in的當代歐洲風格。圖片提供◎藝念集私空間設計

272+273 **有如show room般的工業風套房** 在這間喜愛工業風格的女屋主家中，設計師大膽將樓板完全裸露，將LOFT的粗獷展露無疑，也因為屋主不希望有床架、沙發等傢俱的侷限，因此設計師將地板架高，創造可坐可躺的臥榻環境，並運用下方的空間滿足收納機能。而屏除制式的衣櫃，選用黑鐵衣架則讓臥房有如showroom般，別具性格。圖片提供◎澄橙設計

274 **低奢甜美，新古典浪漫情懷** 呼應居住者性格，臥房大面積揮灑唯美的粉紅色調，並讓梳妝檯、床單與花飾形成色彩呼應，羅織歐式的宮廷情懷，並擺設古典造型雙人床，牆面周邊加入白色線板精緻雕飾，搭襯金屬床頭櫃的光可鑑人，提升整體的貴氣質感。圖片提供◎L'atelier Fantasia 繽紛設計

細節PLUS 床架也是臥房風格的關鍵，四柱床、雪橇床都具有古典元素，適合放在古典或鄉村風的空間中。

細節PLUS 房內選用軌道燈，自由投射喜好的區域，黃光照射在木地板上也沖淡水泥天花帶來的冷冽感。

細節PLUS 兩側床頭壁燈採用水晶燈飾，達到畫龍點睛的效果，透過光線漫射構成暈開的迷人光影，增添整室溫暖氛圍。

細節PLUS 空間如果是以淺白、淺色木紋鋪陳的，傢具的選色也儘量選淺色、彩度適中，讓整體看起來柔和一致。

細節PLUS 床頭燈光選用水晶折射燈，將圖案折射至床頭兩側牆面的白色皮革繃布上，也是點綴小奢華。

277

278

275 **暖調編織休憩空間** 具有大量開窗的臥房,利用白色木百葉,析透陽光,維持室內明亮光感,又隱約可見外頭的風景;並且以鳥籠造型的地燈、圓潤的實木邊桌,富有手工編織質感的單人椅與梳妝鏡框,搭配翠綠龍舌蘭,製造出暖調的休憩空間。圖片提供◎寬月空間創意

276 **以深褐色展現飯店奢華風格** 退休的屋主以往住在國外,於去年才回台定居,因為喜愛飯店行政套房的舒適感受,設計師將主臥的重點放在房間氣氛營造與材質的運用之上。以深咖啡色為主色調,並於牆面採用皮革繃板,展現輕奢華且舒適的睡眠空間。圖片提供◎藝念集私空間設計

277 **浪漫古典風一人也好眠** 單身貴族希望能打造自己的浪漫空間,原本房間主色調已經決定選用紫藕色,但與喜愛的窗簾布幔並不相襯,設計師重新調配帶入些微黑色的紫色,感受高雅卻不會因深色而感到壓迫,並於床頭加入鏡面營造趣味延伸感,並加入專屬更衣室、梳妝檯,針對生活需求下手,網羅量身訂製的實用機能!圖片提供◎藝念集私空間設計

278 **擁抱天光海景的水泥原色** 睡房擁有 L 型窗景優勢,刻意在牆角做45度角斜面,給予欣賞戶外海景的絕佳角度,開啟與自然環境的美好對話;室內則挹注原始建築概念,透過簡約的灰階鋪底,援引天然建材並刻意將管線裸露,展現不加修飾的結構美學。圖片提供◎璧川設計事務所

細節PLUS 為了讓空間畫面更簡約潔淨,房內不見衣櫃線條的干擾,所有收納需求都被整合於床頭右側隱形門扉的更衣間內。

279

細節PLUS 化妝鏡結合假窗設計,以簡潔的實木百葉窗做裝飾,突顯出帶有鄉村格調的悠閒自適。

細節PLUS 牆面刷上設計師自調的輕柔色彩,跳脫白牆的冰冷,但又不至過於飽和、搶走木質風采,使整體色調顯得雜亂。

281

279 **都會氣息的夢幻美式臥房** 同樣是美式風格，屋主選擇以清新、優雅，而貼近都會生活的色調與設計來詮釋自己的居住品味，無論是傢具的色彩、線條與造型，或是壁紙、壁板與壁燈的款式搭配，都可以感受到屋主纖細、夢幻的風格偏好。圖片提供◎昱承設計

280 **百葉窗鏡突顯鄉村風** 寢臥內藉由窗戶納入豐沛採光，在珊瑚色壁紙的大面鋪述下，帶來一室暖度，並延伸此案開放式格局，使居宅維持開闊視感的設計理念，一旁不設多餘的隔間或門扇，僅透過窗簾界定更衣場域，落實清簡的生活態度！圖片提供◎伏見設計

281 **木質鋪底，陳設跳出趣味** 床頭牆以木質、漆料將立面一分為二，創造下重上輕的平衡視覺比例，提升空間視覺暖度，並於書桌上方規劃展示層版，把軟件化作主角，選用充滿藝術品味的風格傢飾做陳設，建構生動富趣味的牆面表情。圖片提供◎北鷗室內設計

282 **順著氛圍往夢鄉去的迷幻動線** 擁有四米二的挑高，設計師設計出小型夾層區域，讓衣物雜物收納於上方，只在此留下氛圍裡的純然寂靜，由於房間主人長年有不易入睡的困擾，選用深邃的藍綠色彩，搭配溫和燈光，魔法般型塑出與夢鄉最接近的地方。圖片提供◎大湖森林室內設計

283 **精緻傢具帶出屋主不凡品味** 本身對於美感有獨特見解的屋主，對於臥房風格也不馬虎，在輕柔舒服的基礎空間架構下，悉心挑選空間內所搭配的傢具及藝術品，無論在實用性或裝飾性都展現屋主的非凡的品味。圖片提供◎尚展設計

284　簡單內斂的北歐魅力　針對喜歡極簡風格的屋主需求，此案完全貫徹簡單內斂的設計原則，主臥房牆面掛上白色展示櫃，讓家展現質樸與精緻並蓄的迷人魅力，床頭兩側對稱方形照明燈也藉由細緻的造型，在俐落的線條中堅持質感。圖片提供◎CONCEPT 北歐建築

285　摺紙天花讓想像無限飛躍　主臥以摺紙的概念規劃天花板，看似一架紙飛機在天空翱翔，讓人工的間接光源能更柔和打出來，與自然光融合在一起。搭配著大地色系的木地板，主臥床頭以天空藍與小草壁紙，呈現另一種清新舒眠的氛圍。圖片提供◎禾光室內裝修設計

286　寓意於自然的東方水墨寢間　主臥房藉由大地色系的雙色薄岩板鋪設出寧靜主牆，同時與落地窗的格柵門屏作呼應，讓視線可隨之落在隱約遮蔽的陽台，以及枝枒伸展的白水木植栽，給予在都會生活的屋主享受這一處難得的中式水墨畫意境。圖片提供◎近境制作

287　理性線條賦予摩登品味　這是一間充滿剛性氣質的寢臥空間，除了格局規劃滿足機能之外，讓人驚艷的牆面與地面均採用同款波隆地毯作鋪材，混色跳織的條紋感展現理性風格，搭配灰白色相襯的床舖極為和諧。圖片提供◎森境&王俊宏室內裝修設計工程有限公司

288　減法設計打造自在無拘臥房　配合公共空間的工業風格，臥房採用顏色較深的海洋藍鋪陳，搭配混凝土灰及少許白色，營造較為中性冷靜的調性；由於單身女屋主對臥房需求較為單純，只需要簡單的衣物收納櫃，因此沒有刻意擺放床架，讓臥房感受更為隨興自在。圖片提供◎寓子設計

細節PLUS 利用穩重的紅色作為臥房的主要視覺，透過紅與白的反差突顯空間佈置。

細節PLUS 斜切天花板巧妙引導光源，形成有趣的照明視覺設計。

286

細節PLUS 為營造出屋主喜歡的中式水墨意境空間,除有硬體的設計語彙,黑白絲質寢裝的搭配,與傢具、燈飾都採低調、簡約風格。

287

細節PLUS 具環保與創新的特殊地毯,為這空間提供溫潤卻又不會太過軟性的氛圍,而地、壁面採用同款的延伸線條鋪陳,讓視覺有拉長的線性效果。

細節PLUS 樓梯迴旋挑高處正好作為臥房床頭,也與天花樑對應形成可置放小物的平臺,衣櫃則選仿清水混凝土的系統櫃,暫時使用布簾取代門板節省預算。

細節PLUS 以芋香色窗簾與木地板、皮革床架等舒服、溫暖的大地色系為空間配色，讓視線可以落在透明薄紗後的弧形落地窗上。

289

細節PLUS 飯店風格除了軟件的運用外，燈光的選擇也十分重要，臥房內運用立燈與壁燈營造雅致的氣氛。

290

細節PLUS 牆面選用薰衣草紫色並搭配白色百葉櫃體營造甜美又紓壓的睡眠之地，打造浪漫古典風格。

細節PLUS 床頭除有唯美造型的錐形吊燈,在層板後方另有間接光源的安排,可讓主牆面更顯立體層次。

細節PLUS 運用日本空間常出現的間接燈光,令光線暈光創造禪意的日式風情。

289 **如弧形劇院般的奢華大視野** 壯闊的弧形寬螢幕中上映的不是電影,而是無與倫比的真實人生。以指揮若定的姿態,將床舖定位於臥房中央,搭配低檯度矮櫃、纖細書桌的安排,使得視野可以無限延伸,將難得的大圓弧落地窗建築格局發揮得淋漓盡致。圖片提供◎近境制作

290 **將飯店風格帶回家** 因為屋主喜歡飯店的現代風格,設計師運用傢具與軟件的搭配為空間傳遞性格。綠色單椅搭配鮮紅色櫥櫃成為室內視覺焦點,相對於鮮豔的傢具,牆面與寢具則選用低調的灰與大地色,不僅突出傢具也帶來一夜好眠。圖片提供◎伏見設計

291 **薰衣草紫成就浪漫古典** 因為住宅位於溫泉區,屋主希望能在臥房營造溫泉飯店的氛圍,設計師以新古典為設計概念打造優雅寢臥空間,並以大面落地玻璃連結戶外衛浴,不僅放大視覺空間也顯質感。圖片提供◎大晴設計

292 **與城市美景一同呼吸的房間** 將大面寬的床頭主牆包覆壁布,並與超寬幅的落地窗形成氣勢呼應,讓室內與窗外建築共構出城市美學。而由床頭向左延伸的低檯度層板則取代床頭櫃設計,靜默而優雅地滿足了收納與小物展示的機能,讓品味落實於生活中。圖片提供◎近境制作

293 **架高地坪營造日式茶室風格** 因為屋主希望臥房能有休閒度假的氛圍,但又不希望臥房裡有床架,因此設計師以日本茶室的設計為主軸,架高約30公分的地坪,創造有如在溫泉旅館度假的氛圍,四周以木框天花也以實木包樑成就日式風格。圖片提供◎開物設計

Chapter 03
收納規劃

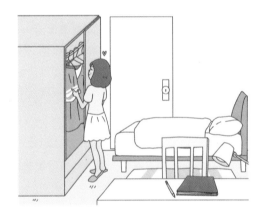

294 **動線**
至少60公分距離最恰當

衣櫃與床的距離應保持在90公分左右,人在行走時才不會感到壓迫外,開啟櫃門也才不會打到床舖。如果臥房的坪數較小,櫃子和床舖的距離應該至少要有60公分,且不適合開門式櫃體,建議選用拉門式的衣櫃,避免門片打到床舖。插畫◎張小倫

295 **形式**
從使用頻率、物品種類著手

衣櫃基礎規劃可分為衣物吊掛空間、折疊衣物和內衣褲等的收納區域,以及行李箱、棉被、過季衣物等雜物擺放,若以一般240公分的櫃體來說,吊桿一般是不超過190～200公分為原則,下層空間則視情況採取抽屜或拉籃的設計,方便拿取低處物品,上層的剩餘空間多用於雜物收納使用。插畫◎張小倫

開關衣櫃常常都會卡到衣服？買了衣櫃卻發現門打開卡到床舖？這些不好用的原因都是櫃子設計的形式錯誤！因此在規劃臥房收納的時候，應該要先審視自己的收納習慣、動線和使用物品的頻率，並思考動線、空間及尺寸，才能做出最合用的櫃體設計。

296 尺寸
衣櫃深度要留60公分、基本吊掛高100公分

衣櫃吊掛高度基本尺寸是100公分，但如果有長大衣或是洋裝的需求，必須增加到120～150公分才好用，如果身高較為嬌小的女生，衣桿高度作到離地160公分會更好拿取。如果是衣櫃下層常用的抽屜規劃，常見的有16公分、24公分和32公分，分別適合收納內衣褲、T-shirt、冬裝或是毛衣等物件，變化性相當高。插畫◎張小倫

297 門板
依據質感與風格喜愛挑選

門板的材質種類多樣，一般可分為實木貼皮、美耐板、鋼琴烤漆等，實木貼皮底材多為木心材或密底板，表面再貼上實木貼皮，通常能呈現溫潤厚實的質感；美耐板則具有防刮的優點，目前也有許多仿木紋、金屬等花色可挑選；鋼琴烤漆外觀呈現光亮的表面、質感佳。攝影◎江建勳

298+299 **依據屋主生活習慣設計不同收納**

寢臥空間以單身屋主的生活習慣量身打造，位於一樓的空間雖然有戶外大露台的優勢，但主臥卻只能配置在沒有對窗的位置，為了爭取更多收納，同時考量到使用便利性，將衛浴及更衣間獨立規劃在紅磚牆後面，並規劃兩個出入口，增加臥房與整體空間的流暢動線。圖片提供◎奇逸設計

300 **床頭牆面衍生抽屜櫃、內凹平檯**

坪數十分寬敞的主臥房，為了調整空間比例、避免過大比例失調的情況下，設計師利用床頭後方規劃兩側抽屜櫃取代邊櫃，創造豐富的收納量，而床頭背板處則是整合壁燈，並採取內凹檯面的設計手法，便於置放睡前讀物、眼鏡或是手機等小物件。圖片提供◎吉畝設計

301 **好設計幫孩子養成收納習慣**

家中有小小孩的父母在收納規劃上不妨參考這個做法。在兒童房作收納櫃設計時，先將小主人的人體工學考量進去，如此可讓孩子從生活中學習、養成日常收納習慣，不但從小就可訓練孩子自主生活能力，爸媽當然也省事不少。圖片提供◎逸喬設計

細節PLUS L型牆面規劃為深度35公分的隱藏式書櫃，滿足屋主大量藏書的需求，另外在床頭配置插座及網路接口方便使用薰香燈等床邊電器。

298

299

細節PLUS 牆面、兩側抽屜櫃以淺灰色調鋪陳，搭配鋼刷木頭處理的床頭背板，空間賦予層次變化，日後添加任何色彩的傢飾單品也會相當協調。

細節PLUS 為了孩子在裝潢選材上要特別注意，此案在木地板與門板等均選用表面質感舒適且耐用的健康板材，確保孩子的居家安全。

302

細節PLUS 雖然是一整面的櫃體,不過設計師仍細心區隔衣櫃、儲物櫃的深度,以及內部的層架與五金規劃。

細節PLUS 木滑門的另一頭是設計師設計的複合式洗浴空間,以T字廊道巧妙安排了馬桶、乾濕衛浴以及梳妝檯各自隱密角落。

303

細節PLUS 原本低樑的問題,因有對稱設計的櫥櫃,改變了床頭主牆寬度與高度比例,也減緩了壓迫感。

304

302　斜線交會隱藏衣櫃、儲物櫃　個性截然不同的年輕夫妻，空間主軸便以看似毫無交集的兩條水平線交會的概念，從公共廳區延伸至臥房，床頭後方強烈的斜線底下暗藏著令人驚艷的收納機能，設計師更妥善根據物件作分類，兩側為衣櫃、中間部分則是儲物櫃，打開儲物櫃又包含了上掀式櫃子，充分運用每一吋空間。圖片提供◎奇拓室內設計

303　藏在木石之間的驚喜　藉由原木與石紋的天然元素，將此處睡臥空間悄聲包覆，同時有設計師別出心裁的魔術空間，木皮滑門巧妙阻遮了整個洗浴梳妝空間，暗色茶鏡後面則有電線收納櫃，床腳倚靠著的那面木牆，則是一整個更衣區，如此「內斂」的舒適感只有房間主人最知道。圖片提供◎大湖森林室內設計

304　櫥櫃側開設計取代床邊几　許多人都習慣在床邊放本書、眼鏡或鬧鐘之類的小物，但是床邊几的收納效率低，不妨參考一下這個做法。將對稱高櫃改局部側開設計，再搭配床頭壁紙與壁燈等裝飾，不僅解決床邊置物需求，造型也美觀。圖片提供◎昱承設計

305+306　巧用五金隱藏櫃體、擴增收納　看似不大的男孩房，重新配置格局，擴大臥房領域，除了運用固定式的雙開衣櫃外，同時巧妙設置滑門隱藏視聽櫃，宛若嵌入牆面的櫃體設計，有效拉齊空間立面，減少畸零角落。除此之外，視聽櫃上下兩側也增設層板，使收納量倍增。圖片提供◎摩登雅舍室內設計

細節PLUS 上下舖的床架讓孩子多了爬玩的生活樂趣，也更多了收納的彈性空間。

307

細節PLUS 書桌上方纖薄鐵板與細長燈管設計，在解決機能需求外，讓空間不大的牆面避免壓迫與雜亂感受，反有更多設計美感。

308

細節PLUS 更衣間運用體積小、結構強的鐵件作為主要掛衣桿材質,讓衣服跟抽屜櫃可以自由擺放,搭配推拉門設計亦能有效節省空間。

310

307 **激發好動力的玩樂空間** 兒童房引進窗戶的自然光,沿著樑下規劃衣櫃及收納櫃,以深、淺兩色木皮規劃兩面向的開放櫃,養成兒童自我收拾玩具的習慣,同時展示出自己喜好的玩具,增添過渡廊道的活潑感。圖片提供◎禾光室內裝修設計

308 **纖薄鐵件滿足機能與設計感** 將床頭與牆面之間的木飾板持續延伸,為室內注入更多溫潤木質感,搭配上端牆面的暖灰色牆與天使雕像更顯溫馨、療癒。另外,利用床側的小空間配置書桌區,且以烤漆鐵件在牆面嵌入層板,為牆面增加設計趣味與置物機能。圖片提供◎森境&王俊宏室內裝修設計工程有限公司

309+310 **整併兩房換來更衣間、大浴室** 23坪的公寓住宅,原本客廳侷促擁擠,在設計師的建議下,三房改為二房,兩間臥房的牆面也予以拆除,讓中間的空間成為主臥房的更衣間,不僅如此,衛浴也跟著變大能規劃大浴缸,同時滿足男女主人的需求。圖片提供◎CONCEPT 北歐建築

311+312　整合多元機能的床頭板

設計　考量臥房空間不足，因此將床頭櫃與床頭板合而為一，並將插座、床頭燈等功能內嵌在裡面，讓厚度只有8公分的床頭板，仍保有床頭櫃基本功能；位於床尾的衣櫃，選用與床頭板相同的檜木水染木貼皮做呼應，為了讓出行走空間，以拉門設計取代推門，節省空間也確保動線順暢。圖片提供◎睿豐設計

313　收納之外更多了美型線條

以鐵件簡潔的元素規劃層板修飾上方的樑柱，下方搭配木作床頭收納，除了修飾空間壓迫線條，也讓展示品有專屬區域。圖片提供◎禾光室內裝修設計

314　以白色淡化收納感

過多收納櫃體容易讓空間變得狹隘，於是設計師巧妙將收納空間規劃從臥榻延伸至電視牆，並搭配抽屜、櫃體等收納形式，以符合各種收納需求，也能有效利用空間，並延續屋主喜好的自然、木質元素，採用大量的白搭配木素材，達到降低收納沉重感的輕盈效果。圖片提供◎蟲點子設計

315　錯落線條交織出收納、展示櫃

13坪的挑高小宅，全室隔間被重新區分為一個回字動線，光線得以流通，主臥房更將3D建構線概念對應至系統櫃的設計，少見的三米長立面高度，不規則的錯落線條切割了櫃體，有些是實際收納空格、有些則是為了裝飾而存在。圖片提供◎CONCEPT 北歐建築

細節PLUS 衣櫥門片採用檜木水染木貼皮，呼應空間的大地色系，並採用勾縫設計取代五金把手，藉此拉齊牆面線條營造俐落感，也不影響使用方便性。

311

312

313

設師PLUS 床頭上方多了斜面設計，
讓空間多了躍動感，薄而堅固的鐵件
層板也讓線條輕盈活潑。

設師PLUS 門片採用無把手設計，可
藉此維持視覺上的俐落與簡潔，顏色
刻意統一採用白色，則可以讓收納櫃
體自然融入牆面，淡化存在感。

315

設師PLUS 展示櫃運用木質
和間接燈光設計創造深淺
度，當自然光射進臥房，光
影的變化便為櫃體和牆面映
照出多一層的自然肌理。

細節PLUS 臨窗邊規劃有單椅起居區，可在此閱讀、休息，同時在牆面也對應配置展示書櫃，可放置書籍或收藏品以供把玩、欣賞。

316

細節PLUS 鐵灰色床頭櫃延伸連結化妝桌，利用一個牆面整合兩種機能，空間立面也有一致放大的效果。

317

細節PLUS 牆面上的下方層架與上方距離考慮到一般書籍高度設置，約25公分。

318

細節PLUS 由於作為衣櫃使用,採用60公分深的設計,讓收納更為方便好收。

細節PLUS 在兩面窗中央與窗台下方,各別融入深度50公分、70公分的隱藏儲物空間,藉由門片或滑輪抽屜等不同的收納形式,體貼居者使用習慣。

316 **以柔克剛,順應格局成風格** 因應房間內本身不規則的格局條件,將床尾電視牆改採律動曲線設計,落地窗邊則因格局陡然內縮,為避免突兀感而加設一座斜角櫃作緩衝,不僅將難利用的角落區化作展示端景,也避免尖銳柱角形成的不舒適感。圖片提供◎近境制作

317 **一面牆面即滿足所有機能** 由於屋主有大量收納需求,設計師將床頭規劃整牆的收納櫃,冷冽的鐵灰色門片對應暖木色地坪,以不同色度營造層次,為了不讓視覺顯得壓迫,櫃體中間鏤空設計可做展示收納,並輔以照明,為空間增添立體感受。圖片提供◎大晴設計

318 **以明亮色放大室內空間** 小坪數臥房利用開窗,令單人床有如臥榻般舒適。牆面以灰綠色營造安穩的休憩氛圍,傢具則以白色為主調放大視覺感受。此外為了避免床頭有樑,於牆面上架設白色層板並放置床頭櫃,不僅避開禁忌又能收納一舉數得。圖片提供◎伏見設計

319 **櫃體虛實相對,打造適宜比例** 由於女孩房有大樑和厚重柱體經過,沿柱體設計白色櫃體,僅左側可供使用,右側為假櫃修飾樑體。櫃體左側則另設置收納,刻意選用拍拍手的無門把設計再加上粉色櫃門,與牆面融為一體,使白色櫃體成為主要焦點,形成適當的櫃寬比例。圖片提供◎摩登雅舍室內設計

320 **寬敞明亮的素淨底妝** 臥房以木百葉調整光照強度,讓每個角落可隨時沐浴在乾淨清爽的氛圍之中,並刻意維持場域挑高,將收納機能隱於牆面,搭襯巧妙的尖屋頂語彙與間接燈光,落實清爽俐落的空間線條。圖片提供◎橙白室內設計

321+322 幾何立面隱藏魔術收納

櫃 坐擁美好景致的主臥房,收納,是屋主格外在意的細節,設計師利用樑下、結構柱體創造出有如造型牆面般的魔術收納空間,以繃布、木材質打造的幾何立面之下藏著多個35～40公分深度的櫃子,並且依據使用高度區分為上掀、下掀,真正達到實用效益。圖片提供©馥閣設計

323 以設計化禁忌

臥房的天花板有根大樑剛好位於床頭上方,設計師做出圓弧包覆,柔化格局線條,並使床頭延伸,做出相似的弧形轉折,運用連貫的線條語彙,讓空間增添柔軟度與活潑性,也增添設計感。圖片提供©KC design studio 均漢設計

324 開放層架滿足收納又放大空間

主臥空間因為坪數不大,設計師運用主牆跳色,在床頭兩側做上頂天開放層架,相對於有門片的收納,這樣不僅能展示自己的收藏,又具有設計感並能讓視覺感放大,巧妙地讓臥房既舒適又具備收納。圖片提供©伏見設計

325 好櫃設計讓空間變寬、變高

在陽剛氣的房間內選擇以黑鐵搭配灰色門板的硬材質,架構出現代感十足的複合式收納櫃,而除了床邊主櫃體外,跳過通道後,在牆邊還延續同款櫥櫃,讓空間有橫向延伸的效果。另外,床後則配有獨立收納間來滿足量的需求。圖片提供©近境制作

細節PLUS 牆面運用黑鐵層板作為展示櫃體，不僅完成收納也賦予其獨特的表情。

細節PLUS 窗邊60公分的臥榻，不僅方便坐臥，其下方更是可收納雜物。

細節PLUS 設計者特別將高身櫃體的上下分割線往下移，呈現出修長的上櫃，細緻地手法成功讓空間感也變高了。

326

327

326 **自然系跳色展現空間清新** 臥房空間以簡約的蘋果綠,跳脫其他空間的使用顏色,呈現舒適舒眠的減壓空間;於化妝檯部分以半隔間的方式將良好的景觀及採光注入家中,並適當地將通風引進,活絡室內空間,使其內展現空氣清新的舒適度。圖片提供©KC design studio 均漢設計

327 **鏽鐵質感牆櫃提醒生活初衷** 在現代感十足的臥房空間,先選用黑白二色為壁面色彩,再以原木色的地板烘托溫馨舒適感;而床尾為隱藏式的收納設計,鏽鐵質感的櫃體與無把手門片消弭生活雜亂感,回歸簡單而質樸的原始初衷,更有助於沉澱心性。圖片提供◎近境制作

328 **結構柱巧妙轉換衣櫃、書櫃** 由辦公改為住宅的空間格局,主臥房特別著重於屋主對於衣物收納量的要求,除了衣帽間之外,設計師更利用既有結構柱體的深度規劃一整面衣櫃,裡頭以開放層架、掛衣桿的設計,方便使用者自行調整,同時滑門也是電視牆的用途,臨窗面的開放式層架則作為書櫃、雜物收納使用。圖片提供◎福研設計

329 **輕盈質韻,生活的彈性視野** 注入淺白基底,創造清爽無壓的視野,並在牆面與桌體等處添入溫潤木皮材質,搭配書桌吊燈的輕柔點綴,賦予冷暖平衡的氛圍,同時將收納機能暗藏於牆面內,型塑整道立面的平整度,詮釋機能、美感兼具的寢臥風貌。圖片提供◎北鷗室內設計

細節PLUS 臥榻下方除了有縱深70公分的抽屜外，榻榻米下方還有高度55公分的上掀櫃，雙重收納款式的結合讓物件整理、取用更有效率。

330

細節PLUS 為了盡量隱藏更衣室門片位置，因此結合牆面以線條勾勒，巧妙形成有如一道完整的牆面設計，也成功降低門片存在感。

331

細節PLUS 灰白色牆櫃因門板質感與作工細緻，讓牆面呈現平整感，加上左右櫃體以黑鐵作為介質，更能襯托白色櫃體的主角位置。

332

右側高櫃作為衣櫃使用，床頭上方則收納零散雜物，深度約有45～50公分。

窗邊60公分高的臥榻，不僅能在此悠閒度過午後閱讀時光，更是內含強大的收納空間。

330 **雙重收納強化使用效率** 原主臥外推後以一座淺木色高櫃作內外連結，除了可以安置影音設備，也讓整體色調不會太過暗沉。屋主喜歡全家一起觀賞影片，故沿牆規劃了榻榻米區；不僅增加了觀影時的舒適度，也讓收納空間大幅擴增。圖片提供◎晨陽設計

331 **線性設計淡化門片存在感** 臥房空間盡量保持簡潔設計，只簡單以藍色牆色表現空間個性；刻意將所有收納功能，全部收整在靠床左側的更衣室，維持視覺上的乾淨俐落，並以沉穩且兼具質感米灰色門片與牆色做搭配，藉由對比色彼此襯托卻又能達成視覺上的和諧。圖片提供◎賀澤設計

332 **修長門櫃有拉升屋高效果** 透過整體性的考量，將床尾主視覺區以灰白壁紙作出修長比例的門片，再搭配線形五金把手等裝飾設計，不僅化解牆櫃的巨大量感，反而達到拉升屋高的隱形效果。而左右木門複合櫃體則以對稱設計讓空間更穩定平衡。圖片提供◎近境制作

333 **善用樑下擴增收納空間** 為了讓家中幼兒有舒適的臥寢領域，運用黃綠牆面和碎花壁紙打造明亮感受，床頭側則沿樑設置櫃體，善用畸零空間，為小坪數的臥房擴增收納區域。櫃體表面再以柱頭和線板修飾，注入鄉村古典的精緻語彙。圖片提供◎摩登雅舍室內設計

334 **白色衣櫃收納強大並創造無壓空間** 主臥跳脫北歐風繽紛多彩的佈置思考，利用大地色系搭配色調輕淺的木元素，營造輕盈、舒心的氛圍，並延續公領域清爽、悠然的氣息，整牆衣櫃以白色為主調放大空間，創造無壓的舒眠場所。圖片提供◎伏見設計

335 簡化床邊收納讓睡眠更安穩 收納是居家空間難以避免的設計重點，但太過直白的設計卻讓生活美感全無，不過成功範例也不少。比起主牆絲毫不遜色的床邊側牆，其實內部是大容量的高身衣櫃，雅致的壁布門片搭配不落俗套的線形把手，以上下錯置手法使沉穩的空間顯添活趣。圖片提供◎近境制作

336 善用空間，巧妙滿足多重收納 這間臥房設定為長輩房，由於空間只有二坪大小，因此使用顏色較淺又不失沉穩感的柚木貼皮，為了有效利用狹小空間，將床與收納結合，床板下方以採用抽屜方式收納，側邊則為上掀式收納；收納延伸至牆面，則改以開放式層架設計，藉此滿足屋主擺放收集陶藝品的需求。圖片提供◎賀澤設計

337+338 依照空間形式打造大量收納空間 淺灰藍色系使單面採光的臥房較為明亮柔和，而屋主相當重視收納空間，因此根據臥房平面規劃不同形態的櫃子，床頭利用天花樑的深度設計上下櫃，除了側邊一整面的衣櫃之外，另外在面對床尾空間也規劃站立式衣櫃，以便將配件、雜物、衣物分門別類收整，使臥房更有調理。圖片提供◎寓子設計

細節PLUS 靠近床邊的收納櫃改以素淨的牆櫃，而方便取拿且具展示效果的層板櫃則放在床尾，讓干擾降至最低，而主牆二側茶鏡線條也有紓壓效果。

細節PLUS 開放層架以木素材與灰玻結合，藉由立板灰玻的穿透特性，讓大型層架看起來更具輕盈感，也可避免在小空間裡讓人感到壓迫。

337

338

細節PLUS 面對床尾的站立式衣櫃，入口以橫向木紋的系統板材製成活動滑門，同時作為臥房的電視牆使用，木質調性也提升臥房的溫馨感。

細節PLUS 為了刪除牆櫃畫面上多餘的干擾，門片採取無五金把手設計，並巧妙藉由門片立體突出的切角來輔助開門。

339

細節PLUS 雖是系統櫃但選擇以木工做收邊，強調大型櫃體的精緻度，顏色上則利用淺色降低量體重量感，並於側邊以亮面烤漆處理，低調呈現材質微妙的視覺變化。

340

細節PLUS 由於黑橡染黑的顏色較重，收納規劃以開放式為主，僅在床頭安裝了白色的門片櫃，一來可降低壓迫感，再者物件取用上也更為方便。

341

修飾原有的建築設計，床頭後方內藏40公分深的收納空間；窗下臥榻則設計45公分高，不僅擴充收納區，也增添放鬆的小角落。

睡寢區的床舖特別採取下嵌設計，與一旁的廊道平檯高度一致，當未來有新成員加入的時候，廊道可直接放置床墊轉換為嬰兒床。

339 立體幾何造型牆內的祕密 在剛性十足的房間內，一道立體幾何的造型牆有如裝置藝術般地矗立床前，相當吸睛。不過除了設計感外，其實這也是一道收納牆，透過收納需求的考量與牆面線條分布的縝密規劃，滿足了收納與美學設計的雙重要求。圖片提供◎近境制作

340 融入多重機能的大型收納牆 原臥房為不方正格局，且不方正的空間，因此設計師以大型收納規劃替空間做修整，整面的收納牆面，除了一般常見的衣櫥功能，牆面中段則以電視牆與開放式層架做設計，藉此增添、變化收納機能，也化解壓迫感。圖片提供◎賀澤設計

341 以開放收納拉抬時尚風情 黑鏡背面加裝鐵片並依著空間延伸，藉由反射拓展寬闊，亦可搭配磁鐵作留言板。層板可供陳列收藏品，錯層線條也讓畫面更活潑，櫃體、書桌與床架以黑橡染黑木皮一氣呵成強化俐落感。圖片提供◎晨陽設計

342 修整難用區域，化身大容量的收納空間 主臥床頭牆面原本有一內凹處，向上延伸使之形成完整牆面，內部不做滿順勢也留出收納空間，掀蓋的設計則方便拿取，上方再設置懸浮櫃體。沿窗除了設計可收納的臥榻，窗戶左側也以櫃體填滿，收納機能大大滿足。圖片提供◎摩登雅舍室內設計

343 挑高及頂衣櫃的超強收納量 毗鄰客廳的臥房採取半穿透木隔屏劃分公、私領域，沿著兩旁而設的及頂衣櫃帶來充裕的收納性，櫃體的開闔也經過悉心考量，當人往後靠的時候，肩膀以上才是門片開啟的位置，內側鏤空平檯也可上掀往下收納，同時兼具床頭邊櫃的機能。圖片提供◎馥閣設計

344 彷如屏風牆的輕盈色調櫥櫃 希望賦予房內更多收納機能，而利用床尾樑下空間規劃全牆式衣櫥，但為了避免壓迫感，門片選貼米白色壁紙並刻意降低造型把手的位置，讓視覺上半段更顯清爽。同時米白色櫃體與深色大理石主牆遙相對望，也形成空間對話感。圖片提供◎近境制作

345 整合立面機能，勾勒虛實層次 床頭加入整排實用櫃體，兼具置放書籍與日用品機能，並做出層板及量體穿插，做出格櫃的虛實變化性，下方則結合書桌與展示平檯，將立面的機能做出整合；空間透過木質、白色與藍色交織，建構清爽不複雜的色調質蘊。圖片提供◎橙白室內設計

346 以簡襯繁的蜂巢亮點 小孩房面積不大且床頭有樑，利用櫃體切齊化解壓頂窘迫；虛實相映的蜂巢造型不僅帶來童趣感，也呼應客廳主題。牆面下方以灰褐橡木皮增加明暗對比，床頭上掀櫃、側邊格櫃與書桌抽屜則以方整線條強化反差，使視覺焦點能更加集中。圖片提供◎晨陽設計

344

細節PLUS 櫃體深度30公分，提供充裕的收納展示空間，並飾以鋼刷白橡木皮與白色烤漆的溫和鋪述，凝聚臥房的溫馨氛圍。

細節PLUS 為迎合門片尺寸以達到視覺一致性，以邊長約15～20公分來分割蜂巢比例；門片上的溝縫則刻意簡化線條，讓蜂巢格櫃能更加突顯。

衛浴入口巧妙延續衣櫃的造型設計,乍看之下以為是整面 L 型衣櫃,同時利用櫃面轉角處規劃梳妝檯,創造複合式的使用機能。

347 **將收納功能轉化為空間焦點** 為了閃避樑柱,因此床座位置必須退縮,設計師因此順勢在樑下位置打造大量收納空間,床頭位置除了上掀式收納,並延伸出小邊桌方便使用,而在床頭櫃上方則統一以吊櫃做安排,藉此巧妙形成主牆功能,且藉由搭配少量開放收納與層架,滿足收納需求,更讓素淨主牆增添視覺變化。圖片提供◎賀澤設計

348 **整合機能,體現輕盈量體風貌** 空間不僅提供充足收納機能,更整合量體、將書桌及床頭做出連結,融入細緻的線性轉折,展現設計者細節巧思;整體藉由白色與淺色木皮的完美搭配,演出櫃體的輕盈風貌,同時加裝柔和的床頭燈照明,平添休憩時的浪漫氣氛。圖片提供◎橙白室內設計

349+350 **延續衣櫃造型整合衛浴入口** 年輕夫妻,對於臥房最主要希望有足夠的衣物收納空間,於是利用空間長邊規劃頂天的收納衣櫃,除了運用隱閉式的衣櫃收納外,增加側邊開放式層板能隨需求靈活運用,由於睡寢區有足夠的深度,床頭以及腰貼皮設計呼應衣櫃材質,也使牆面不會過於單調。圖片提供◎寓子設計

351 **墊高地坪增加床下儲放** 床下收納是儲放物品的好選擇，不過為了符合方便上下床的人性高度，往往無法儲放大型物件；利用地坪局部墊高的手法，擷取空間高度，成為床底向下延伸的收納空間。圖片提供◎寬月空間創意

352 **訂製床框架兼具收納機能** 過去都是睡上下舖的兄弟倆，希望新家能改回一般單人床的形式，然而因為臥房空間小要擺放兩張單人床實屬困難，於是設計師利用現場木工訂製，讓兩張床以交錯方式排列，解決空間的受限，每張床底下更納入收納機能，臨窗面的床頭後方也是可上掀的櫃體。圖片提供◎馥閣設計

353 **連通雙向空間的鏡櫃** 臥房樓高不足，擷取四柱床的概念，卻直接將懸掛棉麻布幔的橫桿設置於天花板上，免去四柱的限制，更加輕柔且唯美；另外，臥房梳妝鏡設計與客廳的音響櫃相通，只要打開鏡子就可以調整音響設備，相當多功能。圖片提供◎寬月空間創意

354 **柱體所創造的落差也能很好用！** 將傢具安置於柱體所創造的落差中，不僅床頭櫃與衣櫃整平，留設木質框架與間接燈，在垂吊的花草剪影燈光下，只要隨意擺上相框，就相當有氣氛；面對河景的窗邊，規劃休憩區與一張可移動的L形桌，方便隨時上網，座榻下方還可做收納使用。圖片提供◎寬月空間創意

355 **好機能＋好收納** 為了保留臥房空間的良好採光，大片窗戶前設計不影響窗面的窗檯臥區。同時妥善利用下方空間，規劃為封閉與開放兼具的置物空間，滿足屋主針對不同物品的收納需求。圖片提供◎藝念集私空間設計

細節PLUS 床頭後方以線簾區隔更衣區域，展現靈活的空間概念，也能讓空間感更為放大。

351

352

細節PLUS 考量床架是交錯的方式，臨窗面的床底收納採用滑門形式，可推入兩個大整理箱，外側的床底則是抽屜式收納。

353

細節PLUS 化妝檯右側牆面利用層板式設計提供收納與展示，簡約俐落的線條回應空間的清爽調性，也讓左右視覺達到平衡。

354

細節PLUS 不論是櫃體或是傢具軟件、牆面都運用大地色系與白色做串聯，為臥房帶來溫馨柔和的氣氛。

355

細節PLUS 臥榻上鋪設安定色系的舒適軟墊，成為靜思休憩的最佳角落。

設計PLUS 考量空間尺度與拿取的便利性，櫃體以開放式設計，並搭配鐵件結構強化其堅固性。

356

設計PLUS 書房與臥房在長形空間裡分據兩端，中界處以窗簾做兩地區隔，當書防有人使用時可彈性拉起，避免互相干擾。

357

通利用樑下空間衍生的收納櫃體，大約有45公分的深度供儲藏。

358

小坪數就要妥善利用畸零角落，加上清透的材質規劃，就能降低壓迫感，也讓衣物成為空間的展示主角。

356 **柱體書櫃的空間繞行** 年輕個性的臥房裡，視覺主角為書桌與書架，柱體巧妙地貼附著層板與茶玻、鐵件，彷彿這些物件都是從牆面長出一般自然。木質桌面，材質一路延展、繞行至床區，成為一體感十足的床背板，也讓閱讀的氛圍隨之延伸。圖片提供◎珥本室內設計

357 **櫃的美形設計** 臥房右側的格狀書櫃可收羅大量物件與書籍，一字型長桌上方則以懸吊櫃體爭取更多收納空間，櫃門中間橫向溝槽，讓量體看起來輕盈許多。主臥不做滿的集層材床背板與地板成為L形空間，近窗降低的天花板則內藏空調與照明。圖片提供◎TBDC台北基礎設計中心

358 **利用線板隱藏櫃體** 橫拉門、地板、床頭櫃一致原木色系之外，運用方格狀的白色線板將牆面、對開櫃做一體設計，使得收納儲櫃隱藏，還予空間簡潔乾淨，床頭壁燈纖細的黃銅鐵件材料，經典復古引人懷念，也使整體牆面大大加分。圖片提供◎近境制作

359 **零星空間變身開放式衣櫃** 將閣樓空間規劃為主臥，由於空間坪數較為狹小，因此利用零星空間做成開放式的更衣櫃；此外，運用噴砂玻璃作為隔間材，讓外部的採光可以透進室內，同時也保留了隱蔽的需求性。圖片提供◎摩登雅舍室內設計

360+361 利用挑高創造雙倍衣櫃、儲藏室

高度3米8的主臥房，充分利用高度優勢規劃上、下兩層的衣櫃，可依據使用頻率做區分，此外臥房走道上端的空間則規劃為儲藏室，深度約莫90公分左右，可放置大件被品或寢具，而電視牆面下的抽屜還可以收納折疊衣物，牆後甚至悄悄隱藏了滑鏡，解決鏡面對床的風水疑慮。圖片提供◎曾建豪建築師事務所／PartiDesign Studio

362 機能隱形 落實簡練視感

臥房大膽採用穿透式設計，以大面積玻璃拉門與客廳相對，使整體視野更形放大，拉上落地簾帷後，即可保留私領域的隱密性，並採以清爽木質搭上柔和間接光源，將所有收納機能整合隱於立面，形構簡練舒適的獨立場域。圖片提供◎璧川設計事務所

363 轉角的光影與側邊收納巧思

床頭飾板以白色為主調，底部置入間接燈光，櫃牆隨著光帶轉折成L形，並利用長短牆的獨特比例，拉開臥房的視覺寬幅，短牆上方可作為側邊收納，別具巧思，下方則以層板做出展示效果，分層表現牆體機能之美。圖片提供◎珥本室內設計

細節PLUS 臥房整體使用白色作為主色調，搭配大色系牆面帶來溫暖感受，並結合木百葉、些許線板的元素，對應屋主喜愛的美式風格。

細節PLUS 床頭看似牆面,實為深度60公分的實用衣櫃,下方則是深度75公分的抽屜收納櫃,以垂直式的收納形式充分利用坪效。

362

363

細節PLUS 白色的吊櫃結合側面收納的方式,適合擺放需要隨手拿取的書籍、物件等,也讓收納型態更多元。

細節PLUS 衣櫃門片所使用的非清透玻璃材質，表面上帶有壓紋效果，同樣能明瞭衣物的所在區，但仍又保有點隱私性。

364

細節PLUS 窗簾後方作有寬50公分、深50公分的層板，可滿足收納需求又能保持美觀。

366

364 機能沿牆而生使用上不侷限 由於屋主在主臥部分想盡可能保留可活動空間，因此只用電視牆隔出各個小環境，至於其他機能像是大面收納櫃、臥塌區等都是沿牆而生，所形成的無障礙的動線，無論在行走、使用上都相當方便。圖片提供◎TBDC 台北基礎設計中心

365 美觀與收納並行 臥房整體呈現穩重大器風範，僅局部點綴重點色彩，透過合宜的軟件與傢飾鋪排，打造帶有法式感的優雅居家表情主臥內，則局部妝點淺藍色調，於床頭規劃繃皮與繃布相間，將年輕氣息與優雅成熟完美揉合。並可從床頭後方導引進入更衣室，配置實用收納櫃體，實現機能、美感兼備的夢幻空間！圖片提供◎藝念集私空間設計

366+367 巨大卻不壓迫的收納展現 為了滿足屋主的衣物收納，設計師設置一整面衣櫃，櫃體選用白漆木紋門片，並依照比例分割，令空間感受寬闊不狹隘。而中間特別留下以鐵製層板分層的展示空間，不僅讓壁面富有變化也滿足展示收納。而床頭牆面兩側溫潤木素材貼皮搭配白色馬鞍繃布，細膩營造舒眠空間。圖片提供◎澄橙設計

細節PLUS 櫃體尺寸拿捏以電視為軸心，作為衣櫃與書桌的基準點，兼顧了視覺平衡，也讓立面更具層次感。

細節PLUS 臥房在白色基調中搭配優雅的Tiffany藍，並適度以玻璃材質及鏡面材質點綴，呈現簡約精緻的風格氛圍。

細節PLUS 將衣櫃左側邊櫃改為開放展示櫃，並轉了90度，讓衣櫃在面床的視覺簡約、不受干擾，展現空間清爽質感。

不論是床舖側邊或是末端皆預留舒適的行走尺度，並局部使用滑門設計，賦予自在舒適的使用。

371

372

368 多元門片造型創造層次感

大坪數住宅的主臥房設計，延伸純淨的白色基調，同時為滿足屋主大量的藏書與收納需求，利用一整道牆面整合了衣櫃、書櫃、電視牆，百葉門片的衣櫃可帶來良好的通風，避免換季衣物產生潮濕異味感，也能讓衣服同步一起除濕。圖片提供◎存果空間設計

369 隱密收納設計巧思暗藏於空間

將實品屋的空間調性設定為白領階級的退休宅，看似簡單臥房卻細膩的考量收納機能，除了入口處的獨立更衣室外，落地窗左右兩側的假柱鏡面後方暗藏了寬25公分、深30公分的收納櫃，讓一些貴重物品不著痕跡的隱藏其中。圖片提供◎欣磐石建築‧空間規劃事務所

370 延伸木紋減少櫃體壓迫感

臥房選擇以木地板與木櫃門來醞釀溫潤感受，同時因地板與牆面均為木紋表面，讓沿著床頭規劃的整排櫃體在視覺上有延伸感。特別的是，櫥櫃在臨床邊這一面改以染白木皮，巧妙與床頭白牆連結，成功減少壓迫性感。圖片提供◎逸喬設計

371+372 畸零角落變成多元櫃體

原有主臥房空間尺度有限，無法擁有充裕的收納，設計師取消半套衛浴的設計，床頭側邊就多了一面衣櫃的使用，加上床頭後方的上掀式儲物櫃，提供寢具被品收納，臨窗面的畸零角落就打造為兼具閱讀與梳妝雙機能，另一端牆面則是搭配半腰櫃、高櫃大量增加收納。圖片提供◎吉畝設計

373

74

納都PLUS 開放書櫃依照書
本尺寸設計35～40公分的
深度，每個層板之間則高低
不一，方便收納不同高度的
書籍；而窗戶右側的畸零空
間深度為50～60公分，可
收納包包等雜物。

櫃體以粉色系作為跳色，宣示女主人的領域，無門片的設計方便收納。梳妝檯平面和櫃體深度則為45～50公分，剛剛好的深度讓拿取不費力。

375

376

床頭依樑拉齊櫃體，設計30公分深度的櫃體，可收納書本雜物等。梳妝桌巧妙運用抽拉五金，可拉可收的設計，不佔空間也能擴大使用區域。

373+374　統一櫃體立面，整合收納機能　為了學齡的孩子方便使用，除了基本的衣物收納外，也加強書房的收納機能。將書桌靠窗，獲得良好光源，沿書桌兩側設計開放櫃體，形成對稱視覺。靠窗右側原是凹入的畸零空間，運用層板和門片拉齊平面，消弭畸零區域，讓空間顯得方正。圖片提供◎演拓空間室內設計

375　懸浮櫃體和細緻鐵件降低視覺沉重　透過空間佈局將臥房一分為二，分為臥寢區和更衣室。臥寢區沿牆設置梳妝檯，巧妙運用層板和懸浮櫃體，擴增收納的同時，也減輕視覺沉重。更衣式的入口處則設置鐵件掛桿，簡單不複雜的設計，隱性增加衣物吊掛功能。圖片提供◎懷特室內設計

376　梳妝與收納機能合一　基於女主人的梳妝需求，在衣櫃區域設計一內凹空間作為梳妝檯使用，再適度用玻璃門片遮掩，拉齊櫃體立面，空間更為乾淨俐落。同時本身有床頭壓樑的風水問題，順勢沿樑設計懸浮櫃體，不僅增加收納，一體成型的設計整合視覺效果，也化解惱人風水。圖片提供◎演拓空間室內設計

細節PLUS 實木貼皮櫥櫃溫和的木紋展現質感，平檯總長度265公分，能彈性收納棉被床套雜物。

377

細節PLUS 巧妙以大樑作為書桌區與臥區的分野界線，並成為圓弧櫃體的起點，同時也避開床與櫥櫃距離過近，導致影響動線的問題。

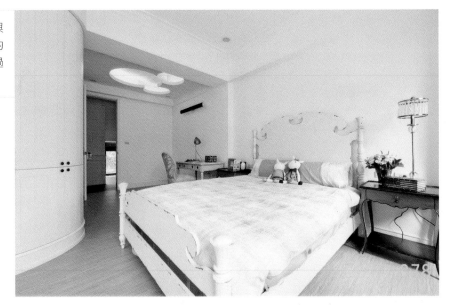

378

細節PLUS 懸吊櫃距地面20公分左右懸空設計，讓視線充滿餘裕，消除牆面給人帶來的壓迫感。

379

局部開放的層板櫃，除了方便拿取書物，也可放置照片小物，最重要是還 可暗示出空間的深度，以免櫃體讓空間顯得侷促。

櫃體門片刻意與牆面選用相同的湛藍色系，再以船舵作為門把設計，形成充滿活潑童趣的海洋風格。

377　心機收納收攏所有雜亂 依房屋原始條件以Loft風格重新型塑，臥房中則運用其得天獨厚的採光優勢，床頭則以開放平檯延伸至書桌，平檯內上掀雜物櫃多了收納機能，上方以開放櫃與門櫃交錯設計，平整卻不失單調，深灰色呼應全室工業風氣質，在這裡更顯現睡的寧靜。圖片提供◎浩室設計

378　圓弧壁櫃具風格美感與安全 小孩房設計重要的是安全，這間唯美典雅的兒童房，父母除了選擇以浪漫白色與古典傢具為風格主軸，連天花板燈光也有可愛造型，尤其在床尾壁櫥採用圓弧造型，不僅安全，鄉村風的白色門片也提升質感與美感。圖片提供◎昱承設計

379　懸吊空間櫃活化臥房空間 整個房型並不大，為滿足屋主的收納需求，並聰明分割空間，設計師以可保留空間寬度的懸吊櫃體劃定區域範圍，櫃面直式分割線條同時也拉長了空間高度，既創造了房間中的收納機能，也兼顧了視覺上的寬闊感。圖片提供◎金湛空間設計

380　樸實木櫥櫃分區收納更優雅 臥房櫃體有二個主要區域，在床尾有收納衣物的大型櫥櫃，此櫥櫃沿著大樑厚度設計，在滿足收納機能外還可修飾格局問題。另外床頭左側則有書桌區收納，上下不接天地的設計讓櫃體顯得輕盈，避免空間壓迫感。圖片提供◎近境制作

381　巧妙轉換收納方向，極致運用空間 在坪數較小的條件下，因應樑下深度，在床頭另設櫃體，不僅化解壓樑的風水問題，也滿足小坪數的收納需求。為了有效利用空間，櫃體上半部在正面以雙開設計，擴大面寬的使用面積，下半部則在側邊以抽屜抽拉不佔空間。圖片提供◎摩登雅舍室內設計

382 **機能美感兼具的童趣空間**

臥房注入柔黃色調，搭襯風格傢飾與畫作的妝點，增添明亮活潑的童趣氣息，而除了基礎的櫃體配置，床架底部亦暗藏抽屜式收納設計，不浪費任何一絲坪效，而包覆式的床頭設計，則給予使用上更多的舒適安全感。圖片提供◎L'atelier Fantasia 繽紛設計

383 **巧妙修飾橫樑的收納櫃式背牆**

空間中有道樑與柱，為消弭它在空間的存在感，設計者結合收納打造出收納櫃式背牆，櫃面特別設計了不外露把手，簡潔俐落的設計，創造出一致性且乾淨的視覺效果。圖片提供◎陶璽設計

384+385 **前後滑動鞋櫃展示愛鞋**

設計師以牛仔作為使用者的個性，以藍灰色系為主色調，設計男孩房從床頭牆面的牛仔布料到床被單的顏色，都統一為率性的西部牛仔風格。而因為男孩平常有蒐集鞋子的愛好，可滑動的前後雙層，不僅可以收納更多球鞋，也能方便拿取。圖片提供◎藝念集私空間設計

細節PLUS 床頭牆以壁紙取代噴漆，營造鮮明的焦點主視覺，一旁則採淺粉色噴漆鋪陳立面，作出與白色底調的差異，層次分明。

382

383

細節PLUS 櫃體並未完全做滿，角落一隅特別使用了茶鏡，反射效果讓視覺不只有延伸還帶點放大做用。

384

385

細節PLUS 長2米、高2.2米
的衣櫃，一半設計成可滑動
的前後雙層，不僅可以收納
更多球鞋，也能方便拿取。

386

386+387 併合手法增添收納實用性

臥房床架沿用舊屋傢具，由兩張單人加大的木箱併合而成。側邊抽屜縱深約80公分，讓床下空間能提升坪效。閱讀區牆面由20及30公分層架錯落而成；書桌檯面則與一旁上掀櫃相互銜接，既美觀又延展出更充裕的使用面積。圖片提供©原木工坊

387

388 真正舒心的睡眠空間

不只引領身體的休息，這裡，更提供了屬於心靈的適切需要。設計師選用溫潤純淨的天然木質色彩作為空間主調，床頭處留了一方能讓心靈休憩的小榻，櫃子隱藏了生活雜物，彰顯了個性化的裝飾層架，一影、一顯之間完美營造了舒眠氣息。圖片提供©懷生國際設計

389 待洗衣物、瓶罐專屬收納，好收不凌亂

單身女子的生活部屋，衣物、配件收納絕對是臥房規劃的重點，設計師於房門入口處打造L型衣櫃量體，也貼心納入飾品小物專屬的分格收納，延伸至內則是開放式掛衣區，專門放置穿過、但尚未需要清洗的衣物，避免與乾淨衣物混雜，櫃體側面加入掛勾五金懸掛包包、帽子亦十分實用。圖片提供©吉畝設計

390 訂製疊櫃概念，小房也能收納滿載

只有15坪的二房格局，設計師利用木工訂製、疊櫃的手法，為主臥房創造出床頭兩側櫃體，鄰近窗邊還有保養彩妝專屬收納，貼心的是，對稱櫃體內部同時具有懸掛衣物、層板兩種收納型態，讓屋主可依需求彈性選擇，而書桌內也隱藏著上掀式鏡台。圖片提供©法藝設計

細節PLUS 米白色衣櫃下緣特意作出90公分寬的開放收納櫃，既能展示，也讓櫃體有了更活潑的姿態。

細節PLUS 善用臥房角落打造瓶罐收納專區，除了最上方吊櫃的收納功能之外，鏡面為上掀式門片，內部有分層收納，加上最底部的把手往下拉，即可成為供梳妝使用的臨時檯面。

細節PLUS 此案的木工訂製採工廠施作，相較現場木作的高工資、高汙染性，工廠訂製不但可降低裝潢費用，櫃體噴漆質感也比較好。

設計PLUS 將收納櫥櫃結合書桌區，並以層板與抽屜櫃形式滿足書桌區需求；另外，在櫃體下方還內嵌小夜燈，增加夜間行走的安全性。

391

設計PLUS 白衣櫃橫寬約7.5尺，與下方抽屜櫃斷開間距約為40公分；一來可釋放躺臥時壓迫感，二來也能藉燈光與石材回應周邊設計語彙。

392

設計PLUS 房間左側以全牆式櫥櫃來滿足衣物收納的需求，並在書桌旁改以開放櫃設計，既可作為書櫃使用，也有減壓效果。

394

395

391 櫥櫃牆面化，收納零壓迫感

如何在臥房內規劃更多的收納機能呢？牆櫃是許多空間的最佳選擇，但過多牆櫃易造成視覺壓力感，因此，特別將美式門板的線條簡化，並採用上長、下短的線框比例，不僅可將櫥櫃牆面化，同時視覺上也有拉長效果。圖片提供◎昱承設計

392 主從關係的黑白雙櫃設計

黑色落地櫃收納屋主藏書；櫃體背襯花紋如繁星的金色夢幻大理石，藉木的溫潤與石材的華貴凝聚視覺焦點。右側規劃衣櫃，白色輕化了量體壓迫感，搭配淺色金鋒石與抽屜櫃打燈手法，讓牆面保留特色卻又不會干擾主牆風采。圖片提供◎鼎睿設計

393 降低視覺干擾小房間也清幽

由於臥房空間不大，設計重點除了選擇以染白木皮與白色牆面來為空間減壓外，在牆面上也採留白處理，床尾的矮櫃也降至與床同高，而左側書桌仍考量人體工學稍稍架高，盡可能讓視覺處所及更寬敞、清爽。圖片提供◎逸喬設計

394+395 分層別類的名牌包櫃

利用 L 型角落窗區，規劃出兼有收納下櫃的座榻區，滿足親近自然的賞景休閒機能外，也增加大量收納空間。同時因應女主人要求的名牌包收納需求，在右側特別量身訂做精品包櫃，讓主人心愛的包包可以分層別類地被呵護。圖片提供◎昱承設計

Chapter 04
牆面設計

396 塗料
色彩、紋理創造焦點

塗料是一般人最愛用的壁面材質，藉由豐富的色彩可以為空間增添不同層次，並反映個人的喜好與個性。除此之外，有些塗料還能呈現斑駁仿舊的樣子，或者是透過工法創造漆面的凹凸紋路，展現自然的手感風格。圖片提供◎日作設計

397 木素材
木色、木紋與拼貼變換多種感受

木料溫潤的色澤、獨特的肌理，不但傳達休閒自適的角度，更能營造自然無壓的空間感受，而且木色有深有淺、木紋和拼接方式也能創造空間的焦點，例如寬度較窄的牆面建議選擇橫紋或山形紋，橫長形壁面則建議直紋為佳。圖片提供◎馥閣設計

牆面是臥房空間的第一個矚目焦點，也是決定風格定位的重要關鍵，牆面材質的選擇並不難，依照喜好去選就對了。喜歡溫馨氛圍的人，可挑選木素材、壁紙或是繃布，如果接受度高、又想要與眾不同，也可以嘗試看看水泥、磚牆。

398 壁紙
豐富花色圖騰打造繽紛多彩空間

如果想要在牆面創造圖騰，最簡單快速的方法就是利用具有多樣圖樣的壁紙，但要注意的是，若想要使用花色複雜的圖騰，建議貼飾單面牆即可，降低使用比例避免花色過於複雜。
圖片提供◎法蘭德室內設計

399 水泥
無須修飾就能展現獨特風格

越來越多人追求反璞歸真的空間質感，因此對於水泥粗胚的模樣，接受度也越高。水泥牆的材質可分為水泥粉光、清水模或裸露的原始水泥牆。水泥粉光牆面的紋路無法被精準控制，完成後都是獨一無二的表情，而清水模表面帶有一定的規律排列，形成有秩序的律動感。攝影◎沈仲達

400 **木框主牆滿足收納與造型** 在床背主牆上，以染白的輕淺色木皮搭配白牆，展現臥房舒適無壓氛圍。因為床頭有大樑問題，除將床鋪移出避開外，樑下則規劃有上、下櫥櫃，中段以床頭留白與化妝桌區的鏡面交接，滿足生活機能，造型上也獨具特色。圖片提供◎逸喬設計

401 **異材質巧妙結合凝聚視覺** 主臥房地板打破一般單一材質的運用，床頭背牆以木作搭配交叉的鋼絲，型塑出英國國旗圖案的造型意象，呼應屋主之前所旅居的國家，整體和諧的木質色調，營造沉靜的睡眠環境。圖片提供◎尚藝室內設計

402 **延展床頭擴充悠閒氣質** 先利用包樑手法切齊天花，再闢出7公分高、附滑桌的臥榻區定調悠閒。床頭小樑以12公分深間距避開壓頂，並延展幅寬放大器度。彩色木板斜向拼接可充當床頭板，半腰規劃搭配大地色系帶來對比美感，更突顯濃厚度假氛圍。圖片提供◎原木工坊

403 **L型書櫃為牆面帶來好風景** 成年兒女的房間不僅要滿足機能，也需反映品味。在溫馨配色的房間內先以精緻作工的牆櫃創造出雙軸L型造型，除提升雙倍收納量，視覺也有橫向放大的效果，而雙地櫃的書桌桌面更大，抽屜門片也以木皮跳色來增加設計感。圖片提供◎逸喬設計

細節PLUS 利用樑下的厚度來為床頭增加收納櫃外，在化妝區左側特別讓櫥櫃改向，並以層板設計來滿足化妝品瓶瓶罐罐的擺放。

400

401

細節PLUS 磐多魔地坪嵌入斜拼木質地板，異材質結合產生不同的色感及質感，睡床周圍鋪設溫暖的木地板，使下床踩踏時有較舒適的感覺。

細節PLUS 室內木材全部採用加拿大松木，木紋節理自然且吸濕效果良好，實木塗裝亦無甲醛危害，讓身心真正獲得紓壓解放。

402

細節PLUS 在床頭上方雖無特別裝飾，但加裝吊畫軌道設計，讓年輕的主人可隨不同時期的興趣、品味改變海報掛畫。

403

404　壁龕式展示櫃將風格生活化　白色基底與淡淡鵝黃牆色的映襯，架構出屋主最愛的優雅美式風格，同時利用右側雙長窗格局，在對稱雙窗間打造壁龕式展示櫃，屋主可將收藏品或書籍陳列於此，讓風格語彙落實於生活中，更貼近歐美住宅場景。圖片提供◎昱承設計

405　平凡中暗藏不凡設計　將床頭背牆以抗污的繃布打造，比起冷硬牆壁，柔軟布面增加了坐臥的舒適度，竹山訂製竹子板材質的長條在牆中橫向拉提了牆的視覺層次。靠近窗戶一側的白色格柵是收納水電管使用的萬用角鋼，同一個立面中混搭多種不同材質，讓臥房平實中展現豐富語彙。圖片提供◎金湛空間設計

406　仿若宮廷貴族的睡眠空間　以設計酒店概念，將宮廷式浮雕展現於背牆，並利用鮮明的土耳其藍與純白跳色營造歐式風格，搭配自然採光及個性化傢飾，完整了屬於臥房輕鬆卻華麗的自我時尚。圖片提供◎懷生國際設計

407　材質線條比例打造法式古典　位於淡水一戶一名宅的度假住宅，對古典風格情有獨鍾的女主人，在裝修初期即選購了此古典名床，於是整體風格由此延伸，床頭兩側以線條比例分割的立面造型，隱藏了實質的衣櫃機能，床頭背板則是利用壁紙與鏡面的效果帶出法式典雅氛圍。圖片提供◎水相設計

408　植物圖騰讓臥房充滿生命氣息　臥房的床頭牆面以帶有花草、植物的圖騰來做表現，一方面為空間注入更多的舒爽、悠閒氛圍，另一方面也讓環境更有生命力。圖片提供◎上陽設計

細節PLUS 床頭主牆採雅致的鵝黃底色搭配纖細質感的雙線板，透過線條、比例的勾勒展現典雅風格，與多元設計的側牆形成對比美感。

細節PLUS 床旁邊寬平檯是床架的一部份，將床墊嵌入，削減了床架與床墊的高度落差，此區的睡臥範圍更顯寬廣。

406

細節PLUS 土耳其藍在書櫃及床頭櫃局部跳色，點綴空間陳述的力道。

407

細節PLUS 鏡面內藏燈光照明，為牆面帶來不同的光影變化。

408

細節PLUS 由於牆面已趨於繁複，對應的寢具就以米白色系為主，加強睡空間安定、沉澱心緒的安眠效果。

409

410

細節PLUS 牆面的六角形蜂巢設計，運用類PVC的特殊材質拼貼貫穿室內風格。

細節PLUS 白水泥牆最低處約100公分，線條起伏除了可增加活潑感，與跳台結合還能將視線導引至貓箱與門上樹木造型，使畫面更具完整性。

409 靜謐獨特的律動之美 整體以黑、白、灰三色交織而成，藉著深淺色的合宜比例，創造黑與白的俐落及現代感，並在床頭主牆作出立體起伏造型，與一旁白色紗簾材質形成呼應，於靜謐之中體現輕盈的律動視覺，予人設計滿點的前衛感受。圖片提供◎L'atelier Fantasia 繽紛設計

410 凝塑優雅的法式調性 將原有的狹小三房改為兩房，擴大主臥空間，由於屋主偏好細緻的法式氛圍，從天花到牆面採用一貫的線板語彙，刻意將線板寬度縮小，使線條更為精緻。搭配金色畫框和壁燈，在優雅的氛圍中增添一絲華麗質感。圖片提供◎摩登雅舍室內設計

411 住進蜂巢之中享受趣味 設計師以多元獨特材質與簡約線條，混搭出創意視覺意象的居住空間並將此意象連結至臥房之中，以衣櫃的蜜蜂造型把手為契機，將概念延伸至床頭壁面，有如蜂巢的六角形拼貼展現十足趣味。圖片提供◎藝念集私空間設計

412 貓跳台實用、趣味兼具 小孩房將砌牆的紅磚外露營造質樸純真的氣息，但考量磚牆表面粗糙，刻意增補半截波浪狀白水泥牆增加使用安全。以五道貓跳台往上遞延，不僅讓貓兒有更多嬉戲空間，跳台日後亦可作為書架使用，讓實用性不因美觀有所偏廢。圖片提供◎原木工坊

細節PLUS 考量空間多是鐵件、水泥等無色彩材質，臥房床架特別採用棧板噴紅漆的做法，不但能平衡住家溫度，還可以節省費用。

413 仿清水模工法打造個性十足工業風

為了滿足對隨興自在工業風情有獨鍾的屋主喜好，主臥房床頭採用仿清水模的泥作工法裝飾，左側通往更衣間、衛浴的入口則是選用結構感強烈的鐵件玻璃形式構築，既可保有空間的通透延伸感，兩者調性也十分協調。圖片提供◎法蘭德室內設計

414 ㄈ字框架打造太空艙房趣味

百坪透天厝的小孩房因面臨床舖正中間有大樑橫亙的問題，因此設計師利用ㄈ字型木作框架創造出有如太空艙房般的意象，置入些許的童趣感，此外，包覆的線條造型設計、搭上灰藍用色，框架底部投射柔和光源，讓睡眠時光更有安全感，也帶來沈靜放鬆的氛圍。圖片提供◎法蘭德室內設計

415 營造數羊的浪漫

當一個人躺下睡覺時仰望著天花板，內心想些什麼？設計師模擬睡眠時的感官感覺，大玩床頭背牆延伸至天花的材質遊戲，建構仿若天然山石的畫面，讓房間主人在最接近大自然的呼吸韻律下進入夢鄉。圖片提供◎懷生國際設計

416 化繁為簡的美式優雅

延續公共空間的美式風格，在臥房中事前巧妙計算床頭寬度，讓床舖得以完美納入一寸不差，背牆兩側則加入柱頭和線板強調造型語彙，對稱的空間線條流露出美式的優雅調性。五斗櫃和梳妝檯也順應空間風格搭配，形成一體的視覺印象。圖片提供◎摩登雅舍室內設計

細節PLUS 木作框架不僅僅是消弭大樑的最大功臣，設計師更利用此框架延伸出展示收納層架，可擺放孩子喜愛的玩具、書籍。

細節PLUS 仿石紋磚打造室內主牆的天然氛圍，與木格柵巧妙型塑出屬於臥房的天花之美。

415

416

細節PLUS 採用低調的粉藕色作為空間主色，再輔以粉藍床舖，低彩度的配色型塑細緻淡雅的臥寢氛圍。

細節PLUS 臥房以嵌燈取代華麗吊燈，為天花展現幽靜素雅之美。

417

細節PLUS 主牆與地面皆為濃厚色調，因此天花與門框皆做了留白，加上玻璃材質可透光，也有助於視覺舒展、讓機能區域之間關係更緊密。

418

細節PLUS 電視牆冷冽的金屬光澤，加上左右兩側更衣室拉門所採用的黑色夾紗玻璃，相互應襯的亮面材質，調和出質感一致的主題。

419

細節PLUS 透過後製工法，讓牆面創造螺孔板縫，呈現更接近清水混凝土的樣貌，天花板也予以簡化，搭配外掛筒燈、浴室門片也運用穀倉門形式，整體風格更到位。

417 **瑰麗壯闊的臥房經典** 在復古花磚地坪拼貼之下，主臥以花穗浮雕線板帶出中古世紀特有的華麗古典，灰黑與白彩度雖然不高，卻能十足創造睡寢間的優雅氛圍，仿波紋的窗與牆面線板相互對應，頃刻間完整了劇院般的居住藝術。圖片提供◎大湖森林室內設計

418 **對稱拉門提升大方、消弭厚重** 主臥先用淺灰替空間打底，並選用暗紅色繃布大面積鋪陳，配襯紋理花俏的白金琉璃石材，希望藉由軟硬材質對比豐富視覺層次。進入浴室與書房的兩個入口採用夾紗玻璃拉門做對稱安排，既可增加場域端莊，又因玻璃通透而減少了厚重感。圖片提供◎鼎睿設計

419 **大膽運用不鏽鋼材質呼應屋主個性** 設計師為一對熱愛3C的年輕夫妻，創造出前衛感十足的寢居空間，大膽採用不鏽鋼材質作為電視牆，營造出未來世界般的情境，臥房內特別設計內玄關，透過路徑的轉折使寢居更具隱私性；由於屋主習慣在臥房使用電腦，因此延著窗緣規劃一字型書桌，搭配鐵件為骨架的原色皮革單椅，運用異材質搭配豐富臥房的層次。圖片提供◎尚藝室內設計

420+421 **螺孔板縫細節，完美摹擬清水模質感** 主臥房擁有獨立的更衣間，主要睡寢區採簡約俐落的規劃並融入屋主喜愛的工業感，因此床頭牆面利用特殊漆與仿清水模工法摹擬出水泥質感，對應的電視牆利用鋁料折出如貨櫃般的造型，與床頭調性相互呼應，觸感上卻更為細緻。圖片提供◎法蘭德室內設計

422

細節PLUS 由於背景色調偏暗，除了藉淺木色輕盈空間外，刻意在臥榻抽屜以及床頭櫃的配色上融入「白」，使整體視效更加明亮。

422　紅色菱格躍動場域活力　臥房為斜頂格局且面積、採光充足，利用深咖啡色調營造小木屋氛圍。床頭先以木板深淺拼接確認牆面中心，綴飾的紅色菱格不僅增加亮點還能跟造型櫃呼應。天頂以淺色松木段切割視覺，既可減少深色壓迫感，亦能強化造型趣味。圖片提供◎原木工坊

423　點描式圖案壁紙表現臥房藝術質感
女主人個性溫柔親切，對於不同空間風格的接受度高，老屋翻新的空間受到開窗大小的限制無法有太多光線進入，臥房便以白色及淺灰為基底，在提升明亮感的同時又不失臥房應有的溫暖；更衣室及衛浴獨立規劃在左側的獨立空間，使臥房保有單純的睡眠功能。圖片提供◎尚展設計

424　謎樣石紋仿若夢境　為營造屬於夢鄉的靜謐感，設計師給予深灰色調的大面積鋪陳，帶有石紋的質感則增添了夢境中奇幻絕倫的意境，牆角處融入黑線、木紋，勾勒幾何塊狀，搭襯吊燈裝飾，塑造了一方優雅，在整體基調之中，展現生活亮點！圖片提供◎懷生國際設計

425　幾何造型呼應屋主喜好　屋主喜愛造型跑車，因此設計師將床頭牆以幾何塊狀造型來隱喻速度感；電視及影音設備則安裝在鄰近的起居室，減少夫妻睡眠時的干擾，起居室以木質與寢臥的布質區隔，門片下方特別加裝小夜燈，具有半夜引導路徑的作用。圖片提供◎尚藝室內設計

423

細節PLUS 設計師特別在的臥房裡，為女主人挑選帶有抽象點描圖案的壁紙，特殊的手感表現展現臥房獨一無二的藝術感。

細節PLUS 牆面內嵌了衣物收納空間,不僅讓房間立面更為完整,也將所有雜物隱於無形。

細節PLUS 床頭牆以暖灰絨布材質處理牆面來柔化空間的舒適感,並在局部內折處理的地方設計間接光,藉由細節的變化大幅提升整體氛圍。

細節PLUS 牆面使用奶茶色與白色線板,帶出充滿人文知性的空間溫度,與沉穩的床架也產生層次效果。

426

427

細節PLUS 沿著窗邊以立體幾何造型設計出帶狀桌面設計,提供屋主實用的書桌機能,而不同寬度的造型設計恰可讓出床邊流暢動線。

看似不規則的層板搭配森林綠色調，空間滿滿洋溢著青春氣息。

床頭牆的菱格圖騰，無形中呼應著牆面畫作中的格狀圖紋，透過黑與白的對話，彰顯幾何圖形與對比色彩的魅力。

426 **畫框概念隱藏突兀窗戶** 屋主喜歡乾淨的北歐風格，簡約而不單調。如何讓簡約北歐風格帶有變化？除了在傢具配置上著墨之外，設計師更順應空間條件，將臥房床頭後方原有的窗戶，巧妙運用畫框概念作為推拉窗遮蔽，自然地融合空間之中。圖片提供©CONCEPT北歐建築

427 **高反差營造前衛視覺系主牆** 透過黑與白高反差的牆面配色設計，為這個空間詮釋出居住者的時尚態度，其中底牆上特別加上立體處理的條紋溝縫，增加視覺的豐富度；至於白色鏤空的格狀掛畫則跳脫傳統思維，呈現年輕自我的前衛風格。圖片提供©森境&王俊宏室內裝修設計工程有限公司

428 **創意框架型塑適意空間風格** 用最基本的木作元素規劃出可放書、CD、公仔的開放層板，創造出生活中的設計感；從生活的需要而出發的設計，讓生活裡的事物更具啟發性，輔以森林綠色牆面讓空間更活潑。圖片提供©禾光室內裝修設計

429 **圖騰與色彩的內斂對話** 整體以黑、白、灰交織而成，於床頭牆加入幾何圖案，藉由進出面造型型塑視覺立體度、化解白牆的單調，同時在牆面上方暗嵌一道間接光帶，替清冷的空間主調捎暖度，而兩側懸吊的床頭燈，則勾勒出低斂流暢的線條！圖片提供©L'atelier Fantasia 繽紛設計

430 **如靜物畫般美好的湖水綠主牆** 大膽地以暖色木皮為全室主色調，穿插以時尚湖水綠的配色，讓原本狹長格局的老屋變成自然且具有延續視覺的生活空間。尤其主臥房內側面以湖水綠牆為背景，搭配木吊櫃與掛畫，展現如靜物畫一般的藝術美感。圖片提供◎森境&王俊宏室內裝修設計工程有限公司

431 **展現風動的浪漫小居** 整室以暖黃色調的主牆為焦點，搭配壁貼的點綴刻畫出屬於窗邊的微風情懷，別出心裁的雙弧形天花更突顯間接照明的柔和感，同時豐富了生活的情趣，營造臥房的放鬆舒眠氛圍。圖片提供◎禾光室內裝修設計

432 **規律化的線條秩序打造簡潔俐落感** 孩房以沈穩的灰色系為主，搭配溫潤的木質地板，讓整體氛圍放鬆舒適。在不更動格局的情況下，遵循屋主在空間活用及收納上的需求，將藝術家蒙德里安的經典畫作「構成」融入空間，整齊有序的黑色線條切割延伸至孩房門片，讓生活更加有趣。圖片提供◎CONCEPT 北歐建築

430

431

細節PLUS 具弧度的天花設計修飾了空間中過於剛硬的線條，鋪陳安穩的夜夜好眠。

細節PLUS 在純淨白色、灰色的基調之下，局部的點綴藍色於櫃體線條、單椅傢具，提升空間的活潑度與層次感。

432

433

434

細節PLUS 在以白為主的臥房，刻意選用帶灰的藍突顯主牆設計，藉由將色彩彩度降低帶出空間的沉穩、寧靜感，也保留藍色原有的明亮清新感。

435

436

433 **天然石材展現天生大器質感** 由於南向採光面看出去便是公園，因此在規劃臥房動線時，便將床頭規劃在開窗較小的東面，南面則沿窗打造臥榻，規劃出一個可悠哉觀賞風景的休憩區，呼應戶外自然景色，床頭背牆選用天然石材形成視覺焦點，而床頭上方的樑柱，則利用床頭櫃讓床座退縮，化解壓樑的風水禁忌。圖片提供◎日作設計

434 **門板轉化為風格主牆** 小坪數臥房，選擇以大量的白，營造空間清爽、放大感，床尾牆面則延續鄉村風設計語彙，以木作方式拼貼出線板造型，藉此將分割牆面的門板與衣櫥門片做整合，達到收齊牆面線條營造視覺俐落效果，也成功打造成空間裡最具亮點的主牆。圖片提供◎睿豐設計

435 **職人手工編織門櫃成為焦點** 臥房中一座垂掛式水龍頭搭配低檯度設計的石材盥洗台，界定出衛浴空間，加上梳妝檯設計則呈現複合機能，也讓臥房顛覆傳統想像。而後方全牆式黑色櫃體更是設計師特別請老職人手工編織打造的門板，秀出細膩的人文溫度。圖片提供◎森境&王俊宏室內裝修設計工程有限公司

436 **木質基調模擬自然戶外氛圍** 為喜愛衝浪的陽光男生所定調的海灘風居家，在配色上以藍色與大地色系為主軸，包括木地板也是使用近似於沙灘的顏色，同時展現於床頭壁面的設計，透過簡單的線條分割，搭配藍色系窗簾，讓整個房間擁有如戶外大自然般的氛圍。圖片提供◎CONCEPT 北歐建築

437　用色塊將山光雲影援引入室　房間小且廁所門對床，因此運用統一造型來隱藏收納櫃門片及浴室門片。牆面利用烤漆、壁紙、木皮三種素材作色塊漸層，並藉曲線起伏表現層層山巒、雲霧繚繞的概念。牆面變身成為情境佈置，讓身心更能浸淫在自然氛圍中。圖片提供◎晨陽設計

438　高雅灰黑色調凝塑寧靜臥寢　為了延續公共區的灰色調性，臥房主牆運用素雅的深灰壁紙搭配大型畫作作為主要視覺，高雅卻不單調，呈現寧靜安穩的臥寢氛圍。左側牆面則以黑色木皮鋪陳，更衣室的入口門片刻意選用相同材質，與牆面融為一體，形成完整的空間立面。圖片提供◎演拓空間室內設計

439　戶外景色入內延伸牆面設計　以英倫風打造的室內空間，在寢臥內於牆面鋪陳溫暖褐綠色壁紙，無形中與窗外綠景對話，延伸戶外景色入內，而考慮到風水壓樑問題，設計師巧妙將上方大樑圓弧收邊，或在牆腰做出線條延伸，讓整體的視覺比例更顯柔和、舒適、不壓迫。圖片提供◎伏見設計

細節PLUS 考量拉門片會有一前一後的問題，為了使白雲與其他象徵層層遠山的色塊能更服貼，所以不同平面的線條要記得對到才會有連貫的感覺。

437

438

細節PLUS 為了統一視覺，傢飾傢具都以黑、灰、白三色交錯運用，同時透過木皮和手工壁紙的材質展現，提升空間的細緻質感。

439

440

細節PLUS 鋼刷栓木保留木紋的毛細孔質地，不上漆僅做無毒環保的乳木油塗裝，可嗅到木頭天然的香味。健康與美感兼具就是對新人最佳的祝福。

細節PLUS 被藍色調包圍，能優化副交感神經，讓呼吸、脈搏減緩，是寢室、盥洗台、浴室等能廣泛運用的顏色。

440 **波線如音浪起伏躍於牆面** 當初設計師得知此建案是以音樂家久石讓為名，加上屋主也喜愛音樂，便希望能作些不一樣的設計，因此，在臥房牆面先採用林列整齊的木格柵鋪底，再以波形線條作出如音浪起伏的畫面，展現音符流動於空間中的設計概念。圖片提供◎近境制作

441 **梯形拼花舞動自然靈氣** 屋主新房透過鋼刷栓木表現大自然質樸紋理，並以梯形正反拼花做出律動，創造渾然天成視覺效果。刻意將黑橡設計在落地衣櫃取用位置，跳色之外亦是考慮每日接觸較不易顯髒，對稱元素從天花向下蔓延，空間氣質更顯端莊親和。圖片提供◎晨陽設計

442 **以寧靜藍優化睡眠空間** 僅有兩坪的次臥有著嚴重的壓樑問題十足考驗設計師的功力，設計師以清爽的天青藍為主色，並以延伸至牆面的木皮降板作為層次轉換，牆面上的假窗設計更是畫龍點睛，創造活潑空間旨趣。圖片提供◎伏見設計

細節PLUS 主臥房櫃體不貼木皮，而是選擇噴飾巧克力色漆，搭配巧克力色系統櫃以及蜂巢簾，整體性地去實現女主人喜愛的現代摩登氛圍。

443

細節PLUS 室內並無主燈照明，而是在天花邊緣處作嵌燈設計，床頭垂墜設計吊燈，盡展典雅氣息。

444

細節PLUS 牆面採用特殊木紋脫模漆，在上漆後由師傅以特殊手法印壓手法，創造出木片自然紋理效果，使牆面具有獨特的手感。

445

細節PLUS 床頭牆以仿造清水混凝土的特殊塗料,上漆後再後製成清水模牆面的樣貌,並刻意在右側設計一道斜面隱藏間接燈光增添溫暖。

446

447

細節PLUS 牆上面配置了投射燈,光灑下來宛如洗牆效果,映襯出繃布的細節美麗,又帶出溫暖氛圍。

443 摩登主牆下隱藏收納機能 26年的老屋翻修,將原本次臥與衛浴打通,讓主臥房擁有完整的更衣間,浴室採光也變好了,然而原床頭後方無法避免的大樑,設計師便特意以木作框架規劃,將床頭往前挪移30公分,也為主臥房增加收納機能,且左右兩側櫃門運用線條的立體層次感,呈現出宛若牆面的效果。圖片提供◎法蘭德室內設計

444 油畫筆觸創造藝術寢臥格調 臥房牆面運用跳色紋路展現油畫般的筆觸底韻,錯落的湛藍色斜紋牆及直線白牆則讓這片視覺毫不乏味枯燥,唯獨床頭背牆上方給了房主睡寢時的喘息空間,恰到好處的疏密安排是再高明不過的前衛現代風設計。圖片提供◎懷生國際設計

445 特殊漆料創造臥房特色 為了保持寢臥休憩的純粹,臥房採用較為冷靜的白灰色感呈現,因此選擇布質的床頭及矮凳來增添溫暖的質地,活動式的矮凳不僅可以當作床頭邊桌使用,更可以隨興移至窗邊賞景,多了一分隨興自在休閒感。圖片提供◎尚藝室內設計

446 替代材質打造清水模寧靜氛圍 屋主偏愛寧靜不受干擾的休憩空間,設計師以一道仿清水混凝土的頂天牆面作為床頭,也是區隔後方更衣室的界面,混凝土牆面創造出「回」字開放動線,使屋主藉由自由的動線感受在臥房無拘自在感。圖片提供◎尚藝室內設計

447 幾合造型組合成有趣畫面 床頭牆以繃布造型為主,但設計者又在其中加了一些小巧思,即利用一些大小尺寸不一樣造型做勾勒,圓圓飽滿的效果,視覺上更是增添了些許玩味。圖片提供◎拾葉建築＋室內設計

448 **普普風牆面點亮臥房風采** 優雅的寢具上方牆面以普普風格線條呈現，搭配圓圈圖案的粉色窗簾，與古典的床頭茶几，多元的樣貌因為顏色搭配得當，放在一起卻不顯突兀，令臥房在放鬆之餘更顯生動活潑。圖片提供◎伏見設計

449 **白與黑，共譜時尚樂音** 主臥床頭大樑用400×50×220公分高的收納櫃修飾。櫃體下半用黑色皮革作塊狀切割；藉顏色與材質對比營造時尚感，櫃面用不規則幾何線條隱藏門片縫。兩側床頭櫃作對稱及懸空處理，保留穩重氣質又可使牆面顯得輕盈。圖片提供◎晨陽設計

450 **冷暖材質混搭深灰寧靜之域** 深灰調的空間特別容易引領身心靈進入安住入定的境界，這也是設計師選定以黑色壁布搭配染深色木皮作為牆面設計的主因，再搭配床後衛浴空間墨底白紋的大理石色調，多種材質讓灰黑空間有更多情緒與厚度，絲毫不覺單調。圖片提供◎近境制作

451 **色塊、燈具型塑空間性格** 有別於一般小孩房多半較為童趣的設計，在這個案子中，設計師嘗試透過材質的觸感、視覺去型塑空間性格，將牆面視為畫作的構圖，以馬勒維奇、蒙德里安幾何色塊畫作借鏡，利用木作烤漆結合燈具的概念，透過色塊的交疊傳達其藝術性。圖片提供◎水相設計

細節PLUS 床頭兩塊側板區隔床與牆面之間，隱形為風格分界。

細節PLUS 臥房以黑白雙色和俐落線條揮灑時髦感，但選用咖啡色的超耐磨地板增添溫暖。

450

451

細節PLUS 門片加入獨特的穀倉門造型，型塑復古質感，但捨棄常見的木質色，改以年輕的灰藍色調染色呈現，展現獨特個性。

452

453

細節PLUS 整體空間以白搭配與木質色，壁紙顏色便選擇以大地色為主的色調，不只呼應空間主要材質調性，大地色也有沉澱心情的放鬆效果。

在橫豎壁板拼排的極黑主牆兩側，銜接的是烤漆玻璃窗屏，可反映出微弱光影，讓主牆在一亮、一暗之間有所轉換，也不至於過於封閉感。

454

455

細節PLUS 黑鏡元素不僅用於背牆也鑲嵌於邊几，藉由檯面延展拉出間距，鏡條與鏡面前後相映、堆疊趣味，空間氣質更加脫俗有型。

452 **清爽自然，復古不失獨特性** 空間為二次翻修，整體配色清爽自然，以白色牆面建構清爽底蘊，搭上淺灰藍色的床頭板與門片，以及丹麥系統傢具的大量使用，打造淡雅舒適的北歐況味，一旁衛浴門片則選用推拉門來實現場域界定，靈活且設計感十足。圖片提供◎北鷗室內設計

453 **以大地色系統合空間基調** 考量到臥房是休憩的空間，設計師選擇將空間裡運用的材質簡化，採用文化磚牆與木素材架構出空間裡的溫馨、療癒感，最後在床頭背牆大膽採用直條紋壁紙，呈現規律的條紋圖案，有活潑視覺的吸睛效果，但卻不會過於花俏，影響睡眠空間原本應有的寧靜、放鬆氛圍。圖片提供◎蟲點子設計

454 **極黑主張的紐約客臥房** 誰說美式風格只能輕盈白皙，設計師以墨黑色調的壁板重組畫面作為臥房主牆，顛覆過往的美式風格印象，展現出極度有個性與自我的態度，完全簡化的黑白配色也暗示了紐約摩登美學主張，為生活增添幾許時尚感。圖片提供◎近境制作

455 **黑鏡拓展景深、活化牆面** 床頭以淺灰皮革增加質感，溝縫設計則讓畫面不流於平板。床側以落地黑鏡拼貼；一來保留反射特性但降低視覺刺激感，再者也可與床頭做色系串聯平添視覺變化。白色收納櫃不僅符合實用，還可創造凹凸落差讓空間更有層次。圖片提供◎晨陽設計

456 **特殊漆料手法創造低調層次**　僅有6坪左右的挑高套房，考量到屋主的生活習慣及身體狀況，在不另作夾層的情況下，必須充分運用有限的單層平面空間，公共區域和寢臥區以鐵件製成的半高屏風區隔，保留行走移動時的視野，臥房以灰、黑、白的無色彩處理，展現屋主冷靜理性的個性。圖片提供◎寓子設計

457 **恬靜溫和的童趣想像**　兒童房以清爽溫和的天藍色作為主調，並將天花、立面做延續處理，向下框設出一方孩子靜謐甜美的夢鄉，讓孩童可在恬靜的藍色調之中，獲得身心的全然放鬆，牆面則巧思嵌上兩座木屋造型展示架，點出童趣感視覺焦點。圖片提供◎北鷗室內設計

458 **療癒身心的寬頻波浪牆**　為滿足屋主舒適寬敞的高品質睡寢空間，除了量身訂製了內嵌式的雙大床床架，並將床背板牆加倍放寬，設計上則藉由櫛比鱗次的深色木格柵來鋪陳出的舒壓畫面，再配合木條厚度變化作圖案設計，形成療癒心靈的寬頻律動畫面。圖片提供◎近境制作

細節PLUS　高達3米6的床頭牆面，以乳膠漆搭配特殊工具，請油漆師傅手點出不規則紋理，隱約的紋理為單色為主的空間增添變化。

細節PLUS　在舊衣櫃門片上予以色彩調整，選用藍色水性漆料做噴漆處理，透過色彩的重新定義，將櫃門表情改頭換面。

458

459

460

巧妙運用一道玻璃窗屏來變化臥房的風景，同時也讓房間的視野格局向外延伸穿透，避免床頭區的壓迫感。

選用深色木地板營造穩重氣質，立面則給予淺色調顯示反差，並透過傢具跳出色彩亮點，構築優雅的生活場景。

459 **內蘊現代意涵的新古典寢臥** 以歐式風格作為主軸的臥房，運用灰底白框的牆面作造型語彙，展現出新古典的精緻奢美質感，其中主牆左右配合柱體形成裝飾元素，巧妙化解格局問題外，側牆也以壁紙貼飾門片，再搭配主牆壁板的造型來呈現對稱美學。圖片提供◎近境制作

460 **不規則切面粉飾衛浴入口** 原房型為狹長格局，所以劃分為更衣室與臥房兩大機能區。因床頭背後為浴室，所以利用鋼刷木皮作不規則切割延伸牆面，一來增加藉木皮粗糙質地營造溫暖自然氛圍，再者，也可透過造型修飾將浴室入口隱藏增加牆面完整性。圖片提供◎晨陽設計

461 **冷暖與對比的高衝突美感** 床背主牆上除了以幾何分割作設計外，並大膽地運用冷暖材質變化，以及墨黑、亮銀的對比色調作搭配，企圖營造出高衝突性的現代美感；同時在窗屏上選以竹百葉簾的線條來梳理視覺，讓空間回歸理性、和諧。圖片提供◎近境制作

462 **床頭造型，營造典雅韻味** 設計師客製獨特的床頭造型，將睡眠區與後方的更衣領域予以區分，並導引動線的流暢度，且保有立面上方的局部透空，維持視覺通透感、使明亮採光得以流通，床頭牆則鋪陳立體感珠光壁紙，建構與編織圖騰相仿的細膩質感。圖片提供◎北鷗室內設計

463　ㄇ字型屏風聚斂視覺焦點　房間小、且床側及床尾皆有窗，只有一道安定面適合做床頭；但因門口在床頭方向，刻意用不鏽鋼圈圍一堵ㄇ字型皮革屏風增加安全感。選用銀色刷紋圖案拉高空間、亦可與灰白色地坪相呼應，搭配兩盞吊燈則使主牆焦點更集中。圖片提供◎晨陽設計

464　大地色溫暖臥房場域　此案公共空間以LOFT工業風為主軸，進入臥房空間，則摒除鐵件的冷冽感以大地色系呈現，因為床頭有樑，設計師巧妙將上方大樑圓弧收邊，與天花連結處更是拚色呈現設計感，讓整體的視覺比例更顯俐落。圖片提供◎伏見設計

465　點描筆觸為灰牆注入藝術性　經典的白、灰、黑是許多人心中永遠的依歸，不過，想利用簡約色調來創造雋永畫面其實不簡單。設計師選用點描筆觸的主牆壁布與木地板作大面積鋪陳，為空間帶來暖化效果，也更能反襯黑色塊與不鏽鋼線條的絕對感。圖片提供◎近境制作

466　揮灑現代筆觸的水墨意象　寢臥空間的主牆將千層石材依不同寬距重新拼貼設計，使床頭板展現出現代感的俐落筆觸與水墨層次意象，再搭配垂直線性的吊燈則更顯理性。此外，與牆面相接的兩側玻璃門適度地讓居家廊道維持通暢視野。圖片提供◎近境制作

細節PLUS　由於空間不大且走中性色調，因此在燈具的選用上以嵌燈為主強化俐落感，但藉由吊燈增添實用性跟造型美，讓視覺更有層次。

464

細節PLUS　單牆跳色成為臥房的視覺焦點，具有安全感的褐色，搭配床頭兩盞黃色光檯燈，令睡眠更安穩。

細節PLUS 灰白層疊的寢裝搭配在深色空間中發揮了打亮的效果，除了灰色布質床架、白色枕頭與床單，灰、白相間的床罩則讓視覺更立體。

465

466

細節PLUS 床後方為衛浴空間，雖延續灰階色彩，但改換奔放紋理的石材作鋪面，搭 配整體格局，形成了粗獷、自然的居家背景。

細節PLUS 電視牆打造成可360度轉動的機能牆面,藉由鐵件、木質搭構,創造冰冷與溫潤的平衡質韻,營造Loft美感。

467

細節PLUS 在藍色牆面中帶點灰色調,不過份張狂的低彩度色系隱晦暗示成熟的男人風韻。

468

起居區以白色沙發與櫥櫃營造度假休閒感，而牆櫃中段的木層板櫃除了擺放書物，也與睡寢區作色彩呼應，避免左輕右重的不平衡感。

470

除充分運用自然材質本身的美好樣態，增加寢臥的生命動能外，在大理石主牆上以橫向線條的鑿斧設計後覆貼不鏽鋼片，展現出時尚人文感。

467 **樸實暖感的立面表情** 開放式的整體配置，創造單身宅的自由動線，不以封閉牆面區隔場域，改為藉著傢具配置，交界出每一空間的使用範圍，加入翻轉電視牆設計，作出睡眠區的界定，並於床頭牆鋪陳多種顏色磚材，構成立面豐富的色彩層次。圖片提供◎橙白室內設計

468 **對稱櫃體展露風格語彙** 在男孩房的空間中，善加運用樑下區域設計收納，同時巧用櫃體作為風格展示，櫃體外框和門片輔以線板修飾，雕塑細緻優雅的線條，並在牆面左右設置相同櫃體和壁燈，納入對稱的古典美學。上方壓樑則弧形線條修飾，讓空間氛圍更為柔和。圖片提供◎摩登雅舍室內設計

469 **線性溝縫鋪陳深邃自然風格** 將偌大臥房藉由天花板與牆面的雙色塊作無牆區隔，劃出起居區與睡寢區。相較於起居區的清新可人，寢區以線條感強烈的木板條來創造空間的透視觀點，讓原本就寬敞的空間更顯深邃與壯闊，而主牆溝縫處理更顯工法細緻。圖片提供◎近境制作

470 **以橫向線條鑿斧時尚設計感** 透過竹片百葉窗照射進來的光線，大自然的動能正無聲而優雅地喚醒房間內一景一物，除照亮怒放紋理的大理石主牆，溫暖的木地板與無瑕的寢裝床單， 甚至以一牆之隔的衛浴間內蛋型浴缸都紛紛甦醒，合奏出自然生命的樂章。圖片提供◎近境制作

471 **灰色調展現時尚姿態** 臥房主牆繃上規律中帶有些許變化的格狀皮革，搭配同色系的櫃面設計與傢具，即使是不同材質，也能維持一致性，而灰色調所呈現的低調、靜謐，更讓空間呈現出桀驁不馴的特殊氣質。圖片提供◎森境&王俊宏室內裝修設計

472 **低調奢華的時尚新色彩** 奢華感的空間不再只是金色與銀色的世界，臥房運用了帶有時尚氛圍的藍與灰色，作為空間主要色調表現，特別是作為主視覺的臥房主牆壁紙，加上金屬質感邊桌、皮草與絨布的多層次質感混搭，讓時尚多了點低調奢華的神秘氣息。圖片提供◎藝念集私空間設計

473 **幾何堆疊的優雅線條** 臥房主牆面以白色的方格狀木作堆疊，形成深淺粗細、銳利柔軟的線條，營造細膩優雅，同時更襯出深色皮革床架的沉穩質感。臨窗面則以深色木作的臥榻，提供閱讀休憩之用，而側牆以一淺溝槽垂直延伸至天花板，成為照明的一部分。圖片提供◎近境制作

474 **裱布主牆的柔軟效應** 不算大的空間以簡單俐落為訴求，但同時也講究臥房柔軟度，因此在主牆的設計上，特別使用大片裱布做幾何拼貼，刻意壓低的燈光，則強化了空間光澤與素材質地。圖片提供◎演拓空間室內設計

細節PLUS 從公共空間轉入私密空間，色調由自然色系轉為低調的時尚色彩，讓臥房更具獨特性。

細節PLUS 使用帶有花朵或是其它複雜圖騰時，建議在一個空間中最多施作一至兩面牆即可，花色太多容易讓人產生焦慮感。

細節PLUS 利用簡潔的塊體與間接燈設計，修飾頂部過於深邃而產生的陰影，
高度變化帶來戲劇感張力，相當有設計感的幾何構圖，也讓人眼睛一亮。

473

474

細節PLUS 位於右側的白色
牆體，打開後即是衣帽間，
另一端看似暗門的牆板，其
實是對稱效果的假門設計。

細節PLUS 窗邊矮櫃以框架式的規劃方式，除了是書架、展示架之外，也可以充當長臥榻使用。

細節PLUS 兼具收納的電視牆面，考量空間深度的關係，特別採取斜面線條構成，釋放出舒適的空間尺度。

細節PLUS 牆面利用帶狀的燈光遊走其間，並映照上方櫃體使其更顯輕盈。

478

479

475 **越簡單的框架用法越多** 利用幾何造型與中段挖空所設計的主牆面,以斜線交錯的切割構成簡單的造型變化,而中段鑲嵌木框,可擺放收藏品也可兼具床頭櫃使用,運用簡單的手法就能創造出有變化的牆面設計。圖片提供◎近境制作

476 **塊體分割傳遞古典精神** 以度假為主的百坪獨棟別墅,以現代主義的建築精神「自由平面」、「流動空間」重新劃設格局,位於客廳旁的主臥房得以享有戶外綠意景致,並將女主人對於古典的喜好與整體現代感做出整合,主臥房運用簡單的塊體分割傳達古典線條精神,結合皮革質料展現精緻與純粹的美感。圖片提供◎水相設計

477 **5種素材的主牆拼貼** 床的後方以5種素材作為主牆搭配,白色櫃牆旨在收納,下方橫向壁紙將空間後拉出一深度感,淺色繃布床背板與白櫃上下對應,右側則以木皮作為跳色,交錯出閒適放鬆的空間情緒。圖片提供◎珥本室內設計

478 **運用方格交織出精緻感** 主臥房部分,刻意將床頭與牆面分離,以便區隔出床頭後方空間,另作其他用途。而比鄰柔軟床舖的背牆設計,則改為採取包裹淺色皮革的長方格造型,透過簡單的方格變化中呈現更多空間想像。圖片提供◎福研設計

479 **大理石與噴砂玻璃打造主牆** 主臥房的電視牆同時兼具了隔間牆用途,設計師利用大理石以及噴砂玻璃作為材質,牆面除了可擺置壁掛電視,同時也利用B&○音響本身的設計特性妝點空間質感。圖片提供◎奇逸空間設計

細節PLUS 床頭背板利用皮革立體板飾，鹿頭木雕彰顯個人風格，也在黑色基調的主軸之下更具主題性。

480

細節PLUS 色彩鮮明，藉由藝術施工手法，可於室內外空間創造洞石、風化石等岩石質感，或自由DIY藝術造型，兼具保溫、降噪的特性。

481

細節PLUS 利用木料溫潤的色澤、獨特的肌理，傳達休閒自適的生活感，直紋貼法也可以讓視線往上、下延伸。

482

483

細節PLUS 床頭背板捨棄一般冰冷建材，改以織品質地與絲巾畫相呼應，並於細節處以金屬飾邊，營造細膩具暖度的立面表情。

480　**鏡面置入薄化牆體**　後方即是衛浴的臥房，以冷冽調性貫穿空間，同一面主牆上存在著不同質地的素材，同時還運用大片立地鏡牆，與實體牆面做出亮面與消光面的對應，讓原本的黑牆有種薄化的視覺感。圖片提供©TBDC台北基礎設計中心

481　**運用局部塗料設計電視牆**　白色的牆面中，局部以德國砂岩塗料處理，利用材質與顏色的構圖，設計出簡約且質感極佳的電視牆，同時也與臥榻、百葉形成一致的灰階色調；而層板式設計的梳妝檯，一側則結合隱藏式抽拉櫃，可收納女主人的瓶瓶罐罐，利於維持桌面整潔。圖片提供©寬月空間創意

482　**線形序列的松木壁板況味**　即便是留白，也能有豐富的表情。主臥床頭壁面利用松木條的線形序列，讓空間更有變化，也強化一股自然況味的氛圍，而衣櫃轉角更設計成開放式收納層板，減輕櫃子造成的壓迫感，收納、展示都輕鬆。圖片提供©原木工坊　攝影©林福明

483　**灰藍色演繹優雅彩度**　整體透過灰色與藍色相互搭配，型塑有如飯店般的優雅氣韻，並於床頭鋪陳灰色繃布，刻意呈現不同的塊面大小增添變化，一旁則妝點愛瑪仕絲巾畫，與床飾相互呼應，運用藍色調提升視覺彩度，在穩重基底中跳出新穎亮點。圖片提供©L'atelier Fantasia 繽紛設計

細節PLUS 玻璃隔間的厚度大約10mm，隔間的上下都作了確實的密封，結構相當穩固。

484 **連通空間的玻璃隔間** 主臥房以大面積的透明玻璃取代封閉隔間，讓臥房與浴室的空間感相連通，帶來延展效果；而弧形的曲面中，穿插利用電視牆背面設計的落地鏡，牆面也採取玻璃磚，增加臥房採光，同時也增加了生活的情趣。圖片提供◎福研設計

485 **舒適安眠的光線規劃** 牆面利用木素材、緞布等元素勾勒而成，為了加變化，設計者還結合了間接照明，讓光帶從下方微微透出，暖黃光線替空間增添了舒適安眠效果，有助於讓屋主可一夜好眠。圖片提供◎拾葉建築＋室內設計

486+487 **牆面以有趣設計取代床頭板** 設計師透過年輕思維，替空間加入簡練的矩狀切割線條，玩出了視覺創意，來到臥房空間，則以藕色窗簾、茶色床頭牆呼應溫潤的木地坪，形成和諧的色彩層次，並在床頭牆加入方塊設計，展現年輕的寢臥風格，並將門片隱藏在床尾牆面上，透過線條感虛化突兀的門片，推門而入，即可走進充滿收納機能、令人驚喜的專屬更衣間！圖片提供◎藝念集私空間設計

484

485

細節PLUS 緞布顏色以淡雅藕色系為主，有深有淺，創造出不同的表情，也讓空間充滿另一種浪漫柔情。

486

487

細節PLUS 因為床尾走道偏窄如果做了床頭後會更窒礙難行，設計師屏棄床頭版設計而是在牆面上以白色皮革繃布的方塊設計吸引目光。

488 **舊木拼貼復古粗獷工業感**　從事金融業與手作飾品的夫妻倆，偏好工業風格，由於臥房存在著無法變更的結構柱，因此設計師以仿水泥特殊塗料轉換為電視牆，床頭主牆則是精選台灣舊木作拼貼，地坪以進口超耐磨木地板作出特殊拼花效果，讓整個空間散發粗獷且具個性的工業風。圖片提供◎奇拓室內設計

489 **線條堆疊與跳色勾勒輕古典風**　僅16坪的居所，設計師將兩房一廳格局重新作分配，讓主臥房增加女主人夢寐以求的更衣室，動線由床頭右側的隱藏門片進入，包含了梳妝檯、衣櫃、行李箱的收納應有盡有，展現小空間的極致潛能。圖片提供◎法蘭德室內設計

490 **吸睛精品櫃虛化門片線條**　三代同堂的別墅，雖然不同空間依成員偏好而風格不一，其中主臥房以淡雅白色為基本調性，並於牆面飾以茶鏡、裱布、皮革與不鏽鋼鏡面等異材質，豐富質感中卻能交織出低調而典雅的美感，呈現新古典風格。圖片提供◎逸喬設計

491 **ART DECO風格的黑色魅惑**　在尊貴的ART DECO風格臥房中，先在床背板上以漆金框線與咖啡絨繃布設計作為主牆視覺，也襯托出四柱床的華麗質感。另一方面，左側一道創意十足的菱格形牆櫃，漆黑的色調與律動交叉的線條更增細節美感。圖片提供◎昱承設計

492 **水泥原色展現沉穩睡眠力**　此為一位於頂樓的坐臥休息空間，設計師善用位置優勢，規劃出與日光、天空、風、綠意無距離的小天地，同時保有自在隱私的休憩功能。大片清水混凝土原色展現簡約自然，也型塑出令人感到放鬆自在的氣息。圖片提供◎金湛空間設計

細節PLUS 將局部白色舊木重新以油漆調色成與其它舊木相近的色系，最後再刷飾護木漆，避免掉屑的情況發生。

細節PLUS 牆面因應女主人對古典風格的喜愛，利用烤漆、噴漆堆疊線條層次，並將古典格子語彙予以簡化，打造簡單且年輕的古典樣貌。

細節PLUS 側牆因二座展示櫃相當吸睛,而使原本書房及衛浴間的門片幾乎被忽略隱藏了,而床頭後方則是雙開拉門的更衣間,動線相當流暢。

490

細節PLUS 菱格櫃不僅造型典雅,更棒的是可放置展示物品與書籍等,兼具了收納與裝飾的功能。

491

細節PLUS 清水模的牆面搭配超耐磨地板,展現自然無壓的舒適風格,落地窗簾不只修飾過亮光線,也流露大器的室內格局。

492

細節PLUS 牆面中段以黑色的床頭背板作為過渡中介，不搶眼的色系映襯牆面上方的磚紅和櫃體木色，讓視覺不顯混雜。

493

494

細節PLUS 床尾通往衛浴的拉門、採用緞絲材質打造而成，把手選用特殊的琉璃水晶，與床頭絲質壁布相呼應，營造整體的緞面質感。

495

496

細節PLUS 設計師展現細緻的布藝搭配實力，讓床頭、單椅色調產生溫暖對話，透過色彩、材質相得益彰，彰顯居者獨特個性。

493 紅磚壁紙強化風格調性

臥房延續公共廳區的禪風風格，採用展現材質原始面的OSB板，做成床頭櫃體兼梳妝檯，再輔以深紅的紅磚壁紙作為視覺主體，展現工業風的粗獷質感，成功混搭禪風和工業調性，創造令人驚艷的空間效果。圖片提供◎懷特室內設計

494 現代新古典的詩性氣韻

規劃寬敞開放的尺度場域，讓採光可自在流通，透過白與黑的完美交錯，創造每一道細緻的牆面及線板，融合自然光線的層層交疊，有如流轉著炫目光輝的時尚精品，打造出細膩、具動態感的詩性空間，呈現星級飯店般的氣度。圖片提供◎璧川設計事務所

495 簡約精緻的新古典風韻

主臥以古典風格作為底蘊，運用古典的對襯概念作為視覺主牆，天花則納入化繁為簡的線板設計，而天花和牆面線板刻意將邊線噴漆塗黑，強化細緻的立體線條。床頭背板則融合具現代感的鏡面設計，光亮材質提升精緻質感，揉合出嶄新的新古典風格。圖片提供◎演拓空間室內設計

496 幾何圖騰彰顯布藝美學

精選細緻材質鋪陳床頭主牆，透過壁紙、繃布做出上下段拼接變化，採以紅色、綠色呈現幾何圖騰交錯，搭配壁燈的暈柔光影照映，建構一幅猶如繪製而成的美好畫作，替空間注入視覺活力，顯現雅致舒適的生活氛圍。圖片提供◎L'atelier Fantasia 繽紛設計

497　長形裝飾牆帶出空間美型設計　主臥床頭牆面原有兩扇窗戶，但業主希望能夠將其隱藏，因此設計了長方形的裝飾牆面，其中兩塊是活動式的活動門，拉開就可以看到窗戶，另外在床頭的右手邊規劃了梳妝空間，在鏡子後面是隱藏式的置物櫃可以把化妝保養品收置其中，而不會讓檯面感到凌亂。圖片提供©TBDC 台北基礎設計中心

498　時尚簡約 灰階的個性韻味　空間揮灑中性底調，以線板雕飾立面與天花，營造沉穩優雅的氛圍，床頭則巧妙鋪敘仿石材紋理，透過拼接式的錯落圖紋彰顯獨特表情，與溫暖的布藝形成冷暖平衡，同時搭配飽和的藍色抱枕，型塑醒目焦點、點亮視覺。圖片提供©L'atelier Fantasia 繽紛設計

499　住在喜歡的顏色裡　位於度假屋的男孩臥房，以灰色加藍色為基調打造舒適放鬆的氛圍，因為男孩本身喜愛黃色，設計師在書桌下方與有如紙片般拼貼的牆面上點綴鮮黃色，並以律動的鐵製層架帶出活潑生氣，而因為只在假日才會來此度假，收納則以簡單輕便好整理為原則。圖片提供©藝念集私空間設計

500　線板設計讓牆面更具立體度　臥房中的床頭上方有橫樑經過，設計者結合線板砌出一道床頭牆，由於線板本身有不同的層次，能夠讓牆面更具立體感，此外又在上方加入圓弧造型，平衡了視線亦消除橫樑存於環境中的侷促感。圖片提供©上陽設計

細節PLUS 長方形裝飾牆面以淺色系為主，由於牆面有凹凸層次，不難沉靜的氛圍讓人能好好的休憩，又帶有不一樣的視覺美感。

細節PLUS 即便是灰色調背景，在深淺色階的穿插下卻不顯單調，且融入燈光與焦點色調，讓空間不致冰冷單調，反而充滿視覺層次。

IDEAL HOME 50

設計師不傳的私房秘技
臥房設計 500

作者　漂亮家居編輯部
責任編輯　許嘉芬
文字編輯　王玉瑤、余佩樺、蔡竺玲、陳佳歆、李亞陵、張景威、鄭雅分、黃珮瑜、許嘉芬
封面＆版型設計　莊佳芳
美術編輯　Cathy Liu

發行人　何飛鵬
總經理　李淑霞
社長　林孟葦
總編輯　張麗寶
叢書主編　楊宜倩
叢書副主編　許嘉芬

出版　城邦文化事業股份有限公司 麥浩斯出版
地址　104 台北市中山區民生東路二段 141 號 8 樓
電話　02-2500-7578
E-mail　cs@myhomelife.com.tw

發行　英屬蓋曼群島商家庭傳媒股份有限公司城邦分公司
地址　104 台北市中山區民生東路二段 141 號 2 樓
讀者服務專線　02-2500-7397；0800-033-866
讀者服務傳真　02-2578-9337
Email　service@cite.com.tw
訂購專線　0800-020-299（週一至週五上午 09：30 ～ 12：00；下午 13：30 ～ 17：00）
劃撥帳號　1983-3516　戶名：英屬蓋曼群島商家庭傳媒股份有限公司城邦分公司

香港發行 城邦（香港）出版集團有限公司
地址　香港灣仔駱克道 193 號東超商業中心 1 樓
電話　852-2508-6231
傳真　852-2578-9337
電子信箱　hkcite@biznetvigator.com

馬新發行 城邦（馬新）出版集團 Cite (M) Sdn Bhd
地址　41, Jalan Radin Anum, Bandar Baru Sri Petaling,
57000 Kuala Lumpur, Malaysia.
電話　603-9057-8822
傳真　603-9057-6622

總經銷　聯合發行股份有限公司
電話　02- 2917-8022
傳真　02- 2915-6275

設計師不傳的私房秘技：臥房設計500 / 漂亮
家居編輯部作. -- 2版. -- 臺北市：麥浩斯出版：
家庭傳媒城邦分公司發行, 2016.11
　　面；　公分. -- (Ideal home ; 50)
　　ISBN 978-986-408-223-0(平裝)

　　1. 家庭佈置　2. 室內設計　3. 臥房

422.54　　　　　　　　　　　　　　105020388

製 版　凱林彩印股份有限公司
印 刷　凱林彩印股份有限公司
版 次　2022 年 3 月二版二刷
定 價　新台幣 450 元